中华文化元素丛书

ZHONGHUA WENHUA YUANSU CONGSHU

冯天瑜　姚伟钧　主编　第二辑

酒里乾坤

刘朴兵　著

长春出版社

全国百佳图书出版单位

图书在版编目（CIP）数据

酒里乾坤 / 刘朴兵著. -- 长春：长春出版社，
2022.5
（中华文化元素丛书 / 冯天瑜，姚伟钧主编. 第二辑）
ISBN 978-7-5445-6700-8

Ⅰ.①酒… Ⅱ.①刘… Ⅲ.①酒文化-中国 Ⅳ.
①TS971.22

中国版本图书馆 CIP 数据核字（2022）第 072517 号

酒里乾坤（中华文化元素丛书第二辑）

著　　者　刘朴兵
责任编辑　张中良
封面设计　郝　威

出版发行　长春出版社
总 编 室　0431-88563443
市场营销　0431-88561180
网络营销　0431-88587345
地　　址　吉林省长春市长春大街309号
邮　　编　130041
网　　址　www.cccbs.net

制　　版　长春出版社美术设计制作中心
印　　刷　长春天行健印刷有限公司

开　　本　787mm×1092mm　1/16
字　　数　212千字
印　　张　18.25
版　　次　2022年5月第1版
印　　次　2022年5月第1次印刷
定　　价　68.00元

总　序

一

由别具慧眼的长春出版社策划的本丛书，以蕴含中华文化元素的诸事象为描述对象，试图昭显中华文化的特质、流变和前行方向。

"元"意谓本源、本根，"素"意谓未被分割的基本质素，合为二字词"元素"，原为化学术语，本义是具有相同核电荷数（即相同质子数）的同一类原子的总称，如非金属元素氧（O）、金属元素铁（Fe），是组成具体自然物——氧化铁（Fe_2O_3）的基本质素。

作为化学术语的汉字词"元素"，由日本江户时代的兰学家宇田川榕庵（1798—1845）在所著《植学启原》（1834）和所译《舍密开宗》（1837）中创制，是对荷兰语 grondstof 的

意译。清末来华的美国长老派传教士丁韪良（1827—1916）在《格物入门》（1868）中创汉字词"原质"，意译同一西洋术语（英文为 element）。清末民初，汉字词"元素"自日本传入中国，逐渐取代"原质"。1915 年，中国科学社董事会会长任鸿隽（1886—1961）在《科学》杂志第一卷第二号上发表《化学元素命名说》，为中国较早使用"元素"一词的案例。①

在现代语用实践中，"元素"这一自然科学术语被广为借用，泛指构成事物的基元，这些基元及其组合方式决定事物的属性。"文化元素"指历史上形成并演化着的诸文化事象中蕴藏的富于特色、决定文化性质的构成要素。

本丛书论涉的"中华文化元素"，约指中华民族在千百年的历史进程中（包括在与外域文化的交融中）铸造的具有中国气派、中国风格、中国韵味的基本质素，诸如阴阳和谐、五行相生相克、家国天下情怀、民本思想、忧患意识、经验理性导引下的理论与技术、儒释道三教共弘的非排他性信仰系统、区别于拼音文字的形义文字及其汉字文化，等等。它们生长发育于中华民族生活方式、思维方式的运行之间，蕴藏于器物文化、制度文化、行为文化（风俗习惯）和观念文化的纷繁具象之中，并

① 聂长顺，肖桂田：《近代化学术语元素之厘定》，《武汉大学学报》（人文科学版）2010 年第 6 期。

为海内外华人所认同。

二

　　文化的各个不同级次、不同门类包含着各具个性的中华元素。如水墨画的书画同源、墨分五色，武术的技艺合一、刚柔相济、讲究武德，园林的天然雅趣和"可居可游可赏"追求，民间风俗文化涵泳的吉祥、灵动、热烈、圆满，建筑中使用"中国红"（体现生命张力）、中轴线、对称与不对称美感，等等。

　　汉字及汉字文化是中华元素的一个案例。

　　世界各种文字都是从象形文字进化而来，多数文字从象形走向拼音，而汉字则从象形走向表意与表音相结合的"意音文字"，近有学者将汉字归为"拼义文字"，即注重语义拼合的文字：首先创造多个视觉符号作为表达万象世界的基本概念，然后将这些符号组合起来，用小的意义单位拼合成大的意义单位，表达新事物、新概念。[1]

　　自成一格的汉字创发于中国，是世界上仅存的生命力盎然的古文字，它主要传播于东亚，成为东亚诸国间物质文化、制度文化和精神文化互动的语文载体。在古代，中国长期是朝鲜、日本等东亚国家的文化供给源地；至近

[1]张学新：《汉字拼义理论：心理学对汉字本质的新定性》，《华南师范大学学报》(社会科学版)2011年第4期。

代，日本以汉字译介西方文化，成效卓异，日制汉字词中国多有引入。汉字在汉字文化圈诸国所起的作用，相当于拉丁文在欧洲诸国所起的作用，故有学者将汉字称为"东亚的拉丁文"。汉字是中华文化系统中影响最为深远广大的文化符号。

20 世纪初，日本学者内藤湖南（1866—1934）提出"中国文化圈"概念，指以中国为文化源及受中国文化影响的东亚地区，日本是"中国文化圈的一员"，他在《中国上古史》中说："所谓的东洋史，就是中国文化发展的历史"，是以汉字为载体的中国文化在东亚地区传播的历史。①此论阐发了汉字这一中华元素在东亚文化圈的重要意义。

中国人在 20 世纪 30 年代即对日本学者提出的东洋文化史观做出回应，傅斯年（1896—1950）在 1933 年著《夷夏东西说》，概括东亚文化的特别成分：

> 汉字、儒教、教育制度、律令制、佛教、技术。②

这是中国学者对东亚文化圈的要素即"中华元素"做出的提取。

承袭内藤说，日本的中国史学家西嶋定生

① ［日］内藤湖南：《中国上古史》，《内藤湖南全集》卷十，东京：筑摩书房，1997 年。
② 傅斯年：《夷夏东西说》，《中央研究院历史语言研究所集刊》外编第一种，1933 年。

（1919—1988）在二战后所著《东亚世界与册封体制——6—8 世纪的东亚》中指出，东亚世界存在一个以中国为册封中心，周边诸国（日本、朝鲜）为册封对象的"册封体制"，从而提出东亚地区的一种"文化圈"模型。西嶋定生在《东亚世界的形成》中概括汉字文化圈的诸要素（或称"中华元素"）：

> 一、汉字文化，二、儒教，三、律令制，四、佛教等四项。其中，汉字文化是中国创造的文字，但汉字不只使用于中国，也传到与其语言有别又还不知使用文字的邻近诸民族……而其他三项，即儒教、律令制、佛教，也都以汉字作为媒介，在这个世界里扩大起来。①

1985 年，法国汉学家汪德迈在《新汉文化圈》一书中论述"汉文化圈"的特点：

> 它不同于印度教、伊斯兰教各国，内聚力来自宗教的力量；它又不同于拉丁语系或盎格鲁–撒克逊语系各国，由共同的母语派生出各国的民族语言，这一区域的共同文化根基源自萌生于中国而通用于四邻的汉字。②

① ［日］西嶋定生：《东亚世界的形成》，参见刘俊文主编，高明士等译：《日本学者研究中国史论著选译》第二卷，中华书局1993年，第88页。
② ［法］汪德迈：《新汉文化圈》，陈彦译，江西人民出版社1993年，第1页。

这里着重表述"中华元素"之一种——汉字的功能，汉字深刻影响东亚人的思维方式和表达方式，使汉字文化圈成为一个有着强劲生命活力的文化存在。

三

"中华元素"并非凝固不变、自我封闭的系统，它具有历史承袭性、稳定性，因而是经典的；具有随时推衍的变异性、革命性，因而又是时代的，2008年北京奥运会开幕式表演突显四大发明，2010年上海世博会中国馆采用中国红，皆为古老的中华元素的现代展现；中华元素是在世界视野观照下、在与外域元素（如英国元素、印度元素、日本元素、印第安元素）相比较中得以昭显的，故是民族的也是国际的，是中国的也是世界的。美国好莱坞动画片《功夫熊猫》《花木兰》演绎中华元素并获得成功，便是一个例证。

文化元素并非游离于文化事象之外的神秘存在，它们从来都与民族、民俗、民间的文化实践相共生，始终附丽并体现于器物、制度、风俗诸方面的具体文化事象和文化符号之中。中华元素之于文化事象，如魂之附体，影之随形，须臾不可分离。从诸文化事象（如江南园林、八大菜系、春节中秋等节庆、书画篆刻、昆曲京剧、武当少林功夫）的生动展现中提取中华元素的魂魄，昭显大众喜闻乐见的文化符号（如深蕴和谐精义的太极八卦图，代表四方、四季的"四灵"——青龙、白虎、朱雀、玄武，代表中央的麒麟）包蕴的精义，是本丛书的使命。

本丛书由阐发体现中华元素的若干文化事象（如园林、饮食、节庆、书画、宫殿、戏曲、服饰、汉字、武术、钱币、宗族、书院、姓名、茶等）的系列作品组成。

中华元素是构建当代中国文化及其核心价值体系的基本成分之一，是塑造国家形象、提升国民精神的重要资源。开掘并弘扬中华元素，有助于加深中国文化对国人的感召力、亲和力，增强历史敬畏感和时代使命感，提升民族自信心和文化传承创新的自觉性。

抉发中华元素还有一层意义：通过蕴藏中华元素的文化事象、文化符号，彰显可亲可敬的中国风格，奉献给异域受众，增进国际传播，推动中国文化"走出去"。

本丛书的选题及其撰写沿着"即器即道"的文化史路数，避免一味虚玄论道，也不停留于文化现象的就事论事，而追求道器结合——于形下之器透现形上之道，又让形上之道坐实

于形下之器，使中华元素从文化事象娓娓道
来的展示中得以昭显。

冯天瑜

2016 年 10 月

于武汉大学中国传统文化研究中心

前 言

无论是在中国，还是在世界，酒都是流行最广泛、历史最悠久的一种饮料。在漫长的历史时期，酒一直是社会文化的重要载体。酒的起源和发展与中华民族的文明进程有着密切的关系，中国名酒的发展历程更是中国古代科学技术、社会风俗、文学艺术等众多文化因素发展历程的综合反映。酒不仅是中国先民对人类饮食的重大贡献，也是中国古代灿烂文化的重要组成部分。中华文化精神的许多特质通过造酒与饮酒，得以凝结、传承和张扬。

在漫长的酒文化发展历史中，酒得到了不少别名和雅号，玉液、琼浆、黄汤、猫尿等自不必言，还有欢伯、黄流、黄娇、绿蚁、春蚁、腊蚁、玉蚁、螺蚁、白蚁、素蚁、浮蛆、玉蛆、曲蘖、曲秀才、曲道士、曲居士、般若汤、圣人、贤人、青州从事、平原督邮等（何满子：《中国酒文化》，上海古籍出版社，2001年，第77—84页）。

酒的这些别名或雅号，多与古代诗文典籍、历史掌故有关，如"欢伯"之名，源于汉代焦赣《易林》卷二《坎之兑》："酒为欢

伯，除忧来乐。""黄流"之名，源于《诗经·大雅·旱麓》："瑟彼玉瓒，黄流在中。"

有些别名，浅显易懂，中国古代未过滤的酒滓，如蚁似蛆，故酒有"蚁""蛆"之号。酒滓为白色，故用"白""玉""素"来形容，酒液为绿色，故又称"绿蚁"。酒以曲蘖所酿，故又有曲秀才、曲道士、曲居士之名。

但有些别名或雅号，非精通历史典故才能知晓，如出家僧人戒酒，常念《般若经》，故讳酒之名为"般若汤"。"圣人""贤人"之名，源于晋代陈寿《三国志·魏书·徐邈传》。汉末嗜酒之人将过滤过的"清酒"称为"圣人"，将未过滤过的"浊酒"称为"贤人"。徐邈酒醉，像"中箭""中枪"一样，自称"中圣人"。南朝刘义庆《世说新说·术解》将美酒佳酿尊称为"青州从事"，将恶酒劣酿贬称为"平原督邮"。宋代苏轼遭贬黄州（今湖北黄冈），章楶（字质夫）给他去信，送美酒六壶，信到而酒不到，苏轼作诗戏称之："岂意青州六从事，化为乌有一先生。"（苏轼：《东坡全集》卷二三《章质夫送酒六壶书至而酒不达戏作小诗问之》）

会喝酒，酒量大，在中国社会中无疑也像长得帅、跑得快、会唱歌、能赋诗诸如此类一样，是一项值得自己吹牛夸耀和别人"羡慕嫉妒恨"的特长。但同日本和欧美的一些国家相比，中国对待醉酒的态度却是最为严厉的。讲究中庸之道的先圣孔子称："唯酒无量，不及乱。"（《论语·乡党》）这就亮明了对喝酒的态度：饮酒要有节。你量大，可以多喝点，但绝对不能喝高。

在中国，醉酒出丑和出洋相一样，是被人当作笑话来谈论的。若酗酒闹事，则更涉嫌人品问题。在日本，醉酒的"课长"摸一下女下属的屁股，最多会被骂一声"色鬼"。这要在中国，麻烦就大了。轻则，现场回报大耳刮子；重则，那就没边啦！在外，遭同事白眼，领导训诫，党政纪律处分，降级免职丢饭碗，派出所拘留吃官司……回家，夫人小粉拳伺候，跪搓板键盘睡沙发，一哭二骂回娘家，割腕自残发疯，跳楼上吊离婚……只有你想不到的，没有不可能发生的！

嗜酒之人想多喝酒，又不想承担醉酒的骂名，便给自己找醉与不醉的最佳结合点。爱喝两口的现代画家钟灵称："妙在醉与不醉之间，太醉为亵渎酒神，不醉为冷落仙子。"（钟灵：《举杯常无忌，下笔如有神》，载吴祖光编《解忧集》，中外文化出版公司，1988年，第48页）不过这"醉与不醉之间"却实在有点玄，一般人难以把握，连钟灵自己也只是说说而已。据钟灵的好友画家方成讲，钟灵因醉酒，"也几回摔断腕骨和肋条，然而'屡教不改'，足见酒的诱惑力之强"（方成：《借题话旧》，载吴祖光编《解忧集》，中外文化出版公司，1988年，第16页）。既然"醉与不醉之间"难以把握，还是以少喝为妙，能喝八两喝半斤。噢，这里的"八两"为十两一斤的八两，否则半斤八两的，又是"醉与不醉之间"了！

宋代欧阳修称"醉翁之意不在酒"（欧阳修：《文忠集》卷三九《醉翁亭记》），大多数人饮酒的目的，其实并不在于酒，而在于一起饮酒的人。有学者研究认为："县委书记少有'不能喝的'，并且往往是酒桌上的积极行动者。然而，他们却又是酒桌上最不适合喝酒的（年龄大、工作繁重、身体较差）。"（强舸：《制度环境与治理需要如何塑造中国官场的酒文化——基于县域官员饮酒行为的实证研究》，《社会学研究》2019年第4期）这一结论反映了酒在中国社会中润滑人际关系和联络彼此感情的巨大作用。

在以酒联络感情这方面，中西社会皆同。但中西方饮酒的方式却大异其趣。欧美社会流行在"酒吧"饮酒，酒杯又多是大杯，一杯一杯接一杯，为了避免醉得快，就往酒中掺水放冰倒果汁，美其名曰"鸡尾酒"。中国人饮酒，必须有"下酒"之菜。一些没有酒福的人，参加酒会的目的，除了联络感情之外，不在于酒而在于下酒菜。吃菜闲谈，也是中国人避免醉得快的妙法。

吃菜必须在饭时，故中国人饮酒多在吃饭时间。一般是先饮酒、后吃饭，所谓"酒足饭饱"是也。但更多的是"酒足菜饱"，作为主食的饭，酒席之上倒成了可有可无的了。北方的酒席，上菜程序分明，先上凉菜"下酒"，后上热菜"下饭"。酒量不大的南方客人，吃凉菜时已醉倒，是没有福气吃"下饭"的热菜的。西方人"酒吧"饮酒，光饮酒不吃菜，一定要避免在饭时。故逛"酒吧"，多在晚餐之后。

目　录

目　录

第一章　以陈为美：酒之类别

　　酒的类别众多，就中国的酒类而言，主要有米酒、白酒、红酒和啤酒。米酒因以秫米、黍米、糯米为酿酒原料而得名，它是中国最为古老的酒类，故又名"老酒"。白酒因酒液透明白亮而得名，它以高粱为主要的酿酒原料，因需要蒸馏得到酒液，故又名"烧酒"。红酒在今天特指葡萄酒，它以葡萄汁液酿造而成。葡萄酒在中国古代常以稀少珍贵而闻名。啤酒起源于中东，它以大麦和啤酒花为酿造原料，是一种非常古老的酒类。中国人饮用啤酒的历史较晚。

第一节 秫稻之精

米酒是中国人饮用时间最为长久的传统酒类，它的品种众多，明代李时珍《本草纲目》卷二五《米酒》称："酒之清者曰酿，浊者曰盎；厚曰醇，薄曰醨；重酿曰酎，一宿曰醴；美曰醑，未榨曰醅；红曰醍，绿曰醽，白曰醝。"今天，除江浙地区外，其他地区的人们直接饮用的米酒虽然不多，但作为料酒却广泛用于食物的烹饪。

一 米酒起源

酒的起源可以追溯到原始社会末期。那时，果品采集和粮食有了剩余，这些含糖的物质堆积在一起，在一定的温度、湿度和微生物的作用下，自然发酵成酒。经过长期反复实践，人类逐渐学会了人工酿酒。与西方不同，中国酿酒的起源是从谷物发酵开始的（王赛时：《中国酒的沿绵不绝：谷物与酒曲的变奏》，《三联生活周刊》2013 年第 38 期）。一些考古学、人类学学者根据陶器、储藏粮食的洞穴推断，在仰韶文化或龙山文化时期中国人已经开始使用谷物酿酒了。

1979 年，在山东莒县大汶口文化晚期的 M17 墓葬中，出土了 4 件 1 套的酿酒工具，包括沥酒漏缸、接酒盆、盛酒盆、盛贮发酵

物品的大口尊。这套酿酒工具，包括大口尊上所刻的图案，符合中国最早谷物酿酒的工艺流程，足以证明中国酿酒的起源最迟当在距今 4000 年的龙山文化晚期。酒诞生后，在史前时期是作为奢侈品而存在的。酒所带来的陶醉效果，使它与原始社会的巫术紧密联系在一起。当时的人们只有在占卜、祭祀、庆典等特定活动中才使用酒。

二　米酒发展

1. 夏商周：米酒酿造的初步发展

中国酿酒的传说始于夏代。《世本·作篇》载："仪狄始作酒醪变五味。少康作秫酒。"仪狄是一位女性，传说是夏代的开创者大禹时期的人。《战国策·魏策二》进一步丰富了仪狄酿酒的传说，称："昔者，帝女令仪狄作酒而美，进之禹。禹饮而甘之，遂疏仪狄，绝旨酒，曰：'后世必有以酒亡其国者'。"少康是大禹的第五世孙，传说少康亦名杜康。仪狄和杜康造酒的传说，在先秦时期就已经十分流行了，后世文献中也一直沿用这种说法。如宋人朱翼中《北山酒经》卷上中称："酒之作尚矣，仪狄作酒醪，杜康作秫酒，岂以善酿得名，盖抑始于此耶。"

目前，人们尚不知夏人酿酒用什么谷物，用什么曲，如何酿造。古代的不少典籍，有夏桀造酒池的传说。如西汉韩婴《韩诗外传》卷二载："昔者，桀为酒池、糟堤，纵靡靡之乐，而牛饮者三千。"桀是夏代的最后一位国君。夏桀造酒池的传说，说明在夏代上层社会中，酒的供应十分充裕，人们已将饮酒作为一种高层次的生活享受。夏代的酿酒工艺还很原始，据酒史专家王赛时估计，夏代的酒，酒精度数为 1 至 2 度，最高不会超过 2 度。这样的酒，不喝到一定量是不会醉的，因此才会出现酒池（王赛时：《中国酒的沿绵不绝：谷物与酒曲的变奏》，《三联生活周刊》2013 年第 38 期）。

殷商时期，人们根据所酿酒类的不同，使用曲或糵酿酒。曲是由谷物霉变制成的酒母，含有大量的霉菌和酵母菌，其发酵力较强，兼有糖化和酒化两种作用，能使淀粉糖化后充分酒化，这种发酵技术称为"复式发酵法"。先秦时期，人们将使用曲酿成的酒称为"酒"。用曲复式发酵酿酒，在中国一直流传到今天。糵是利用麦芽霉变而成的发酵剂，其发酵力较弱，糵虽然能使淀粉充分糖化，但酒化的程度不高。古人将使用糵酿出的酒称为"醴"，醴的酒精度数只有 1 度左右。直到汉代，人们还常饮用醴。魏晋以后，醴就退出酒界了。用糵酿酒的方式并没有传承下来，明代宋应星《天工开物》卷下《曲糵第十七》称："古来曲造酒，糵造醴。后世厌醴味薄，遂至失传，则并糵法亦亡。"

先秦时期的酒，酿造时间短，酒化程度低，酒的质量总体不高【图 1—1】。根据所酿米酒的观感，又有浊酒和清酒之别。浊酒又

图1-1 汉代画像砖（1978年四川新都出土）上的酿酒图。汉溯先秦都是这种酿酒模式

称"白酒"或"醪"，这种酒成熟快，保存期短，其酒液稠浊，不加过滤，酒面上往往漂着米滓，酒精度数偏低；清酒的酿造时间较长，保存期长，其酒液清澈，酒精度数相对较高。另外，先秦时期，人们已能在酒曲中添加香料，酿造出高档的配制酒。在殷商王室中，有一种称为"鬯"的香酒，它是用秬（黑黍）酿造而成的。酿造鬯的酒曲中添加了某种香草的汁液，所酿之酒芬芳四溢。这种名贵的鬯，多用于王室祭祀，也用于王室盛宴和赏赐，在商代的毛公鼎和大盂鼎铭文中都有"赐鬯"的记载。

殷人好鬼，巫术盛行，商代的王巫祭祀大量用酒。据甲骨文记载，商王武丁在一次祭祀中，用鬯三百卣。酒在商代的使用范围也大大扩展，由贵重的祭祀用品扩展为上层贵族的日常饮用品，考古发掘出土的大量商代青铜酒器如实地反映了商代贵族的好酒之风。商代末年，纣王更加放纵好酒，他"以酒为池，悬肉为林……为长夜之饮"（《史记·殷本纪》）。整个社会上层的饮酒活动十分活跃和铺张，就连一些中上层平民也沾染了好酒之风。商代的这种浓郁的酒风与当时的酿酒业密切相关，只有酿酒业发展到十分成熟时，才能够为上层社会乃至中等阶层的平民提供足够的饮用酒。

西周时，酒的酿造技术有所进步。周王室中设有专门负责酒类酿造的"酒正"，据《周礼·天官·酒正》载，其职责是："辨五齐之名，一曰泛齐，二曰醴齐，三曰盎齐，四曰缇齐，五曰沈齐。辨三酒之物，一曰事酒，二曰昔酒，三曰清酒。"对于"五齐三酒"，历来解释不一，有学者将"五齐"解释为周代酿酒过程中先后出现的五种状态。"五齐三酒"名称的出现，反映出周代酿酒技术的进步与所酿酒类的增多。

在饮酒方面，周代统治者鉴于殷人好酒亡国的教训，颁布了

《酒诰》等禁酒令，对过度饮酒行为进行约束，规定什么等级的人能喝多少酒、用什么器物喝酒、怎么喝酒等，饮酒和用酒开始有了一套等级森严的规定。将酒的饮用纳入礼仪规范，使周代的酿酒和饮酒受到一定程度的控制，中下阶层即使有钱，也不允许喝好酒。春秋时期，随着礼制的瓦解，人们的饮酒生活开始变得随意。酿酒业也走向市场，专门卖酒的酒肆开始兴起。战国时期，人们的礼仪规范意识更为淡薄，只要有钱，便可买到好酒饮用，酒被迅速世俗化，成为人们的日常饮品。

2. 秦汉魏晋南北朝：米酒酿造的缓慢进步

秦汉魏晋南北朝时期，中国米酒的总产量迅速增加，酒不再神秘化和特权化，成为不分阶层都可享用的日常饮品。与先秦时期相比，这一时期米酒的酒精度数有所提高，据王赛时的研究，秦汉时期米酒的酒精度数为 3 度，魏晋时期为 4—4.5 度（王赛时：《**中国酒的沿绵不绝：谷物与酒曲的变奏**》，《三联生活周刊》2013 年第 38 期）。酒精度数的提高反映出这一时期米酒酿造技术的缓慢进步，这是由多方面的因素造成的。

首先，酿酒原料的科学甄选。这一时期，人们已将食用谷物与酿酒谷物分开使用。北方普遍以黍米酿酒，南方以糯米酿酒。无论是黍米，还是糯米，都是黏性的。与食用的粟米、粳米相比较，它们的产量虽然较低，但出酒率较高。专门种植酿酒谷物，已成为当时人的常识。【图 1—2】

图1-2 汉代古酒（西安北郊枣园西汉墓出土）呈墨绿色

其次，制曲的专门化。汉代时，部分酿酒者开始把主要精力投向制曲，以提高酒曲的发酵力，酿出度数更高的酒液。酿酒和制曲开始分工，出现了专门制曲的技术人员，他们将原始的散状麦曲加工成质量较高的饼曲，出售给酿酒者。在居延汉简中，记载有当时酒曲的售价，同一地区的酒曲价格差别很大，这说明酒曲的质量有高有低。

最后，连续投料技术（亦称"喂饭法"）的发明与应用。这种技术是将酿酒用的原料分成几批，分批加入发酵，使发酵较为彻底，提高了出酒率。汉代的九酝酒即连续投料九次。东汉末年，曹操将九酝酒法呈现给汉献帝，这种新的酿酒方法在酿酒界逐渐传播开来。

秦汉魏晋南北朝时期，配制酒获得了较大发展，按使用功能的不同，可分为供人们节日饮用的屠苏酒、椒柏酒、菖蒲酒、雄黄酒、菊花酒、茱萸酒等节令酒和用于防病疗疾、滋补养生的药酒两大类。大多数配制酒以米酒为酒基，加入动植物药材或香料，采用浸泡、掺兑、蒸煮等方法加工而成，如椒柏酒、雄黄酒、菊花酒等均系浸泡而成。也有少数配制酒是在制曲过程中加入香料、草药酿制而成的，如桂酒多是将桂皮研末加入曲中酿制而成的。这种加入香料或药材的配制酒在后世都有发展。如今绍兴黄酒的酿造，就在曲中添加辣蓼草，既增加了曲的发酵力，又使酿出的黄酒具有一种独特的香味。

三 米酒升华

隋唐宋元时期，米酒的酿造技术有了质的飞跃。如制曲，至迟到晚唐时中国人已经研制出红曲。红曲的发明，为传统米酒升华为黄酒提供了转化条件。酿酒投料的次数也较前代有所减少，宋代时投料次数基本固定在三次。按照现代酿酒工艺的经验，投料以三次为宜，并非越多越好。这说明传统米酒的连续投料技术在宋代时已基本成熟。

在发酵技术上，为了避免酒液酸败，唐人发明了石灰降酸工艺，即在发酵的最后一天，往酒醪中加入适量的石灰。这种石灰降酸工艺被宋人所继承。宋人还发明了"卧浆"技术，即用事先调制好的酸浆水调节发酵液的酸度，保障发酵顺利进行。

发酵过滤后的酒称为生酒，仍含有较多的微生物，会继续发生酵变反应，导致酒液变质。唐代时，人们发明了生酒加热处理技术，以控制酒中微生物的继续繁殖。唐人给生酒加热处理有"煮"和"烧"两种方法，煮酒法采用高温沸点灭菌，烧酒法采用低温微火加热。唐人把经过"烧"法加热处理的酒称为"烧酒"，当然，这种"烧酒"并不是后世的蒸馏白酒。

宋代时，在煮酒工艺的基础上，人们又发明了蒸酒法，即将生酒放入器皿中用蒸汽加热的高温灭菌法。同时，低温加热的烧酒法形式更加多样，出现了新的"火迫酒法"。火迫酒法给酒加热的时间更长，除能达到灭菌的效果外，还能生成更多的乙醇和其他多醇类物质，加速了新酒的"陈化"，使酒的味道更加醇美可口。

米酒酿造技术的提高，使传统米酒升华为黄酒，这在酒色、酒味上都有明显的表现。唐代以前的米酒多呈绿色，"灯红酒绿"这一成语如实地反映了中国古代酒的颜色。酒呈绿色的原因是酿酒时未能保证酒曲的纯净，以至制曲及酿造过程中混入了大量的其他微生物，导致酒色变绿。虽然唐代的米酒仍以绿色居多，但已经能够酿造出黄色或琥珀色的米酒。宋代时，绿色酒仍较常见，但黄色酒和琥珀色酒变得较为普遍。元代时，浅绿色的米酒逐渐

消失，大多数米酒呈现黄色或琥珀色，中国古代的传统米酒跨入黄酒阶段。

按味道的不同，中国古代的米酒可分为辛、苦、甘、酸等不同的等级。其中，辛为最佳，苦次之，甘又次之，酸为最下。辛即辣，说明酒液之中酒精的含量较高；苦，尝不到甜味和辣味，说明酒精度数不太低也不太高；甘即甜，说明糖分未能充分酒化，酒精度数较低；酸为酒败的特征，可作醋矣，是为最下。甘甜是唐代米酒的主要口味，唐人言及米酒，多以甘、甜喻其味。宋代米酒的酒精含量相对较高一些，故宋人在评论美酒佳酿时，多以劲、辣、辛、烈等词汇，以示与甜酒不同。据王赛时先生的研究，宋朝酒的度数高低不等，有 3 度的酒，也有 9 度的酒，最高可能到 12 度。从宋初到宋末，3 度的酒逐渐减少，9 度、10 度的酒则越来越多（王赛时：《中国酒的沿绵不绝：谷物与酒曲的变奏》，《三联生活周刊》2013 年第 38 期）。

四 米酒衰落

明至清代中期，黄酒在整个酒类生产中占支配地位。人们将那些时间较长、颜色较深、耐贮存的黄酒称为"老酒"。【图 1—3】

明代时，以京、冀、晋、鲁、豫等为中心的北方地区，黄酒生产尊尚古法，河北的沧酒、易酒，山西的太原酒、潞州酒和临汾的襄陵酒，都是北方黄酒的代表。尤其是河北的沧酒、易酒，在明代一直保持着较高的名声，是当时黄酒的翘楚。北方黄酒大都分甜、苦两种，如山西黄酒称"甜南酒""苦南酒"；北京的黄酒称"甘炸儿""苦清儿"。南方的江浙等地，黄酒的生产崇尚新技术，有统一的酒谱条例，很快形成整体风格，以密集的群体优势逐步在北方推广。

图1-3 明代陈洪绶《饮酒读骚图》（私人收藏），主人公用酒勺舀黄酒而饮。这是饮用黄酒的方式。

至清代中期时，以绍兴黄酒为代表的南方黄酒已全面超越北方黄酒的地位。绍兴黄酒不仅行销京师等广大北方地区，还远销广

东、南洋等地。有人认为，南方黄酒超越北方黄酒的另一原因是："因为南酒运往北方，经历寒冷不会变味，而北酒运往南方，碰到酷暑则会变质。"（王恺、张诺然：《南酒与北酒：中国酒在近现代的变迁》，《三联生活周刊》2013年第38期）在南方黄酒的进逼下，北方黄酒日益没落。到民国年间，黄酒在北方酒类的占有率只有40%左右（王赛时：《中国酒的沿绵不绝：谷物与酒曲的变奏》，《三联生活周刊》2013年第38期）。

清代中期以后，整个中国的黄酒生产和消费逐渐衰落，烧酒则日益崛起。黄酒衰落的原因有很多。

首先，与烧酒相比，黄酒生产季节较短，价格较高，酒度较低，大量饮用不易醉，饮用黄酒的成本较高。清代中期以后，中国社会动荡不安，人们的生活水平不断下降，人们在饮酒买醉时遂舍黄酒而取烧酒。

其次，清代中期以后，战乱四起，南方黄酒北运的水陆交通时常因战事中断，加之黄酒不耐贮藏、不耐运输，使得黄酒的销路严重受挫。烧酒因便于贮藏和长途贩运，酒业不发达的地区从外地买酒，便多会选择烧酒。

最后，清代中期以后，水灾、旱灾、蝗灾等自然灾害频繁，受自然灾害和战乱的影响，农作物大量减产，百姓食粮不足，酿造黄酒的原料黍米、糯米为百姓食用尚且不足，是故黄酒产量随之骤减。与黄酒的酿造原料不同，烧酒用高粱酿造，酿酒反而能够为百姓带来额外的收入。

五 米酒复兴

中华人民共和国成立后，黄酒的生产获得了较快发展，由

1949 年的 2.7 万吨上升到 1978 年的 39.95 万吨，增长了近 15 倍。但黄酒的生产和消费在南北方却是极不平衡的。北方黄酒的生产继续没落，只有个别地方还保留着少量黄酒的生产，人们也很少饮用黄酒。南方的黄酒生产和消费集中在浙江的绍兴、杭州，江苏的苏州、无锡、常州，江西的九江、吉安，福建的福州、泉州和上海市区。

改革开放后至 21 世纪初，中国的黄酒产量继续增加。2003年，全国黄酒产销量接近 140 万吨。但与同一时期的白酒、葡萄酒和啤酒相比，黄酒的发展相对较为缓慢，甚至一度呈现衰退迹象。黄酒企业的规模普遍较小，创新能力不足，产品同质化严重，多为面向本地消费者的低档酒。除浙苏赣闽皖沪等传统地区外，黄酒在全国其他地区的消费几乎没有增长。

2003 年以后，受国家重点发展黄酒政策的影响，黄酒的发展速度加快。2003—2008 年，中国黄酒年均增长率接近 10%。2008年，黄酒的产销量分别达到 240 万吨和 260 万吨。黄酒的消费也实现了从浙苏赣闽皖沪等传统区域向全国市场的拓展，2008 年非传统黄酒消费区占黄酒消费的 30%，其增长速度远高于传统黄酒区域。

2009 年以后，中国黄酒的发展更是呈现复兴的景象。黄酒的产量、消费量均以每年 10% 左右的速度增长，至 2016 年黄酒的产销量分别为 322.5 万千升、321.09 万千升。但黄酒的产销仍局限于浙苏赣闽皖沪等省市，黄酒消费向全国拓展的道路仍很漫长。

今后，随着健康饮酒观念的深入和普及，饮用高度烈性酒的

人群将会逐渐减少。黄酒酒精度数较低，营养价值较高，将会受到越来越多人们的青睐。黄酒的消费人群也将由低收入人群向高收入人群转移，由老年群体向年轻群体扩张，古老的中国黄酒将迎来全面的复兴。【图1—4】

图1-4　清代木榨与接酒缸，传统绍酒压榨器具（原为创建于1743年的周云集酒坊使用，现为会稽山绍酒有限公司博物馆收藏）

第二节　蒸馏之花

白酒是中国特有的酒类，与白兰地、威士忌、伏特加、朗姆酒、杜松子酒、龙舌兰酒，并称为世界七大蒸馏酒。白酒以高粱等谷物为主要原料，以大曲、小曲、麸曲及酒母为糖化发酵剂，经蒸煮、发酵、陈酿、勾兑等工艺酿制而成，有浓香、酱香、清香、米香、兼香等类型，酒精度数在 18%—68%，高于 50% 的为高度酒，低于 50% 的为低度酒。白酒诞生至今，已经有了七八百年的历史，经历了从传统酿烧到工业酿造两大发展阶段。

一　传统酿烧

白酒起源于何时，学术界尚有争议，有东汉、唐代、宋代、金代和元代五种起源说法（孙机：《我国谷物酒与蒸馏酒的起源》，载杨泓、孙机《寻常的精致》，辽宁教育出版社，1996年）。但一般认为，蒸馏酒是元代从西方引进的一种新型酒类，最早被引入中国的蒸馏酒酿造法，是西方流行的蒸馏葡萄酒法。

1. 元代的白酒

在元代，葡萄产量有限，人们主要将葡萄作为水果食用。由于

没有那么多葡萄用来酿酒，人们就试着蒸馏已酿成的米酒，并将这种新型的蒸馏酒称为"阿剌吉"。

元代忽思慧《饮膳正要》卷三《阿剌吉酒》载："用好酒蒸熬，取露成阿剌吉。"明代李时珍《本草纲目》卷二五《烧酒》记载有阿剌吉酒的蒸馏方法："用浓酒和糟入甑，蒸令气上，用器承取滴露。"2002年，考古工作者在江西省进贤县李渡村发掘出一处元代烧酒作坊遗址，有力地证实了元代中国已有烧酒的史实。

除了好酒之外，人们还用"酸坏之酒"作为原料，蒸馏阿剌吉酒。阿剌吉酒作为一种新型酒类，在元代并不是社会的主流，广大汉族人还是以喝黄酒为主，作为统治者的蒙古人则以喝葡萄酒和马奶酒为主。

2. 明代的白酒

明代时，人们将阿剌吉酒称为"烧酒"或"火酒"。李时珍《本草纲目》卷二五《烧酒》载："近时惟以糯米或粳米或黍或秫或大麦蒸熟，和曲酿瓮中七日，以甑蒸取。其清如水，味极浓烈，盖酒露也。"说明明代"烧酒"的主流不再是蒸馏已酿好的米酒，而是用米、曲等原料发酵，然后蒸馏而成的。明代的烧酒和传统的米酒所用的酿造原料是相同的，所不同的是增加了蒸馏程序。烧酒的酿造，丰富了中国的酒种，改变了传统酿酒的单一发酵模式，提高了中国的酿酒能力。

明代著名的烧酒，南北方均有，以北方居多。南方者，如安徽亳州的古井贡酒。北方者，如潞州的鲜红酒，山东的秋露白、景芝高烧、章丘酒，河北大名的刁酒、焦酒，河南的清丰酒等。相对而言，北方烧酒的质量高于南方。明人薛冈《天爵堂文集笔余》卷二认为，北酒胜于南酒，北方五省"所至咸有佳酿"，"至清丰吕氏所酿，又北酒之最上"。

明代时，北方人也比南方人更喜爱饮用烧酒。【图1—5】据李时珍《本草纲目》卷二五《烧酒》记载，北方人春夏秋冬四时均饮用烧酒，而南方人只在夏季饮用烧酒。

图1-5　明代制烧酒工艺图（选自明彩绘本《本草品汇精要》）

3. 清代的白酒

清代康熙以前，烧酒在整个酒类中所占的比例要低于黄酒。烧酒饮用之风远未形成，消费者多为囊中羞涩又要寻求刺激的下层百姓。康熙、雍正、乾隆三朝，中国烧酒的生产获得了长足发展，这与黄河治理"束水冲沙"，需要大量秸秆，导致北方大量种植高粱密切相关。高粱的营养价值较低，口感较差，但用来酿酒却强于传统的米黍。在清代，中国烧酒的酿造开始由米黍转变为高粱，故烧酒又被称为"高粱酒"。这一时期，北方烧酒的产量迅猛增长，酿造烧酒的"烧锅"遍布北方各省，尤其以河南、山西、陕西、直隶、山东五省为盛，一县之境大规模酿酒的烧锅往往多至百余。

清中叶以后，北方烧酒的生产继续向前发展，盛产高粱的山西更是北方烧酒生产的中心。光绪《平遥县志》卷一二载："晋地黑坏，多宜植秫而栎，不可以食。于是民间不得不以岁收所入，烧造为酒，交易银钱。或远至直属，西至秦中，四外发贩，稍得润余，上完钱粮，下资日用。"山西汾阳杏花村的汾酒更是出类拔萃，被清人认为是质量最好的烧酒。梁绍壬《两般秋雨庵随笔》卷二《品酒》曾列举清朝的名酒，说："不得不推山西之汾酒、潞酒"；王士雄《随息居饮食谱·水饮类》"烧酒"条云："烧酒……汾州造者最胜"；《申明亭酒泉记碑》亦云："汾酒之名甲天下"；李汝珍《镜花缘》第九十六回《秉忠诚部下起雄兵 施邪术关前摆毒阵》中列举了清代 55 种名酒，第一种就是山西汾酒。

人们对烧酒的看法也发生了很大的变化，清代以前人们多强调烧酒的"大毒"，如元代忽思慧《饮膳正要》卷三称，阿剌吉酒

"味甘辣，大热，有大毒"。明代的李时珍更是将烧酒称为"纯阳毒物也"（［明］李时珍：《本草纲目》卷二五《烧酒》）。自清代开始，人们对烧酒的认识更为全面，多强调烧酒的"大热"驱寒作用，如袁枚《随园食单·茶酒单》"山西汾酒"条称："余谓烧酒者，人中之光棍，县中之酷吏也，打擂台非光棍不可，除盗贼非酷吏不可，驱风寒、消积滞非烧酒不可。"

在广大的北方，越来越多的人开始喜欢上味道强烈刺激的烧酒。南方基本上仍是黄酒的天下，但一些地区也开始接受烧酒。如江苏扬州，"高粱烧"甚至一统天下，将黄酒、果酒等排挤出了市场。

4. 民国的白酒

民国初年，北方烧酒的生产仍以山西的汾酒为盛。1915年，汾酒走出国门，在巴拿马万国博览会上获得一等金质奖。1919年，晋裕汾酒有限公司成立。1933年，公司将汾酒的生产工艺科学地总结为"人必得其精，水必得其甘，曲必得其时，秫必得其实，火必得其缓，器必得其洁，缸必得其湿"的七条秘诀，使汾酒的质量进一步稳定化，产量进一步扩大。陕西凤翔柳林镇的西凤酒和河南的杜康酒、鹿邑枣子集酒（今宋河粮液的前身）在民国时期也小有名气。

民国年间，西南地区的贵州、四川，烧酒生产获得了较快发展，逐渐形成了一批名酒，如贵州的茅台酒、四川的杂粮酒（五粮液的前身）、泸州大曲、绵竹大曲、全兴大曲、郎酒和丰谷酒。1937年全面抗日战争开始后，西南地区成为中国抗战的大后方，重庆时为陪都，大批社会上层人物麇集于斯，人们尝惯了川贵白酒。抗战胜利后，随着人们返回南京、上海、北平（今北

京）等地，川贵白酒的名声在全国范围内得到广泛的传播。茅
台酒在民国年间更是声名鹊起，高档次的酒会多可见到茅台酒的
身影。如 1936 年西安事变爆发时，张学良宴请周恩来，用的是茅
台酒。1945 年国共两党重庆谈判时，蒋介石宴请毛泽东，用的也
是茅台酒。

二　工业酿造

1949 年以前，烧酒多为传统作坊生产，小乱散的特点十分突
出，有地方名酒，而无品牌。烧酒的称谓也十分混乱，如高粱酒、
土烧酒、汾酒、白酒、小酒等。中华人民共和国成立初期，国家
开始对粮食实行统购统销，传统的酿酒作坊或因缺乏酿酒的原料
而倒闭，或接受合作化改造而纳入工业化生产体系。为了规范，
人们将烧酒的名统称为"白酒"，白酒生产进入工业酿造阶段。

1. 改革开放前的白酒生产

传统的白酒酿造为固态酿造法，1958 年山东烟台发明了液态
酿酒法，这种酿酒法是将酿造酒精的方法推广到白酒酿造领域。
液态酿酒法的出酒率是固态酿造法的 3 倍以上，在粮食普遍紧张
的时代背景下，液态酿酒法遂被各酒厂普遍采用，中国白酒的生
产迅速实现了工业化。

伴随着白酒生产的工业化，人们的品牌意识勃兴，名酒的评比
开始走上历史舞台。1952 年，第一届名酒评酒会评出了贵州茅台
酒、山西汾酒、四川泸州大曲酒、陕西西凤酒四大名酒。1963 年，
第二届名酒评酒会评出了贵州茅台酒、四川五粮液、安徽古井贡
酒、四川泸州老窖特曲、四川全兴大曲、陕西西凤酒、山西汾酒、
贵州董酒八大名酒。此次评酒会改变了此前白酒只有品种没有品牌
的历史，促进了白酒的发展。

总的说来，改革开放之前，中国白酒产业的发展速度较慢。1949 年中国白酒产量为 10.8 万吨，到 1978 年产量达到 143.74 万吨，虽然增长了近 15 倍，但仍无法满足人民群众的消费需求。如黄裳《酒话》一文称："'文化大革命'中，市面上什么白酒都没有了，只有橱窗里还陈列着'冯了性药酒'，是用白酒浸的。"（吴祖光编：《解忧集》，中华文化出版公司，1988 年，第 43—44 页）陆文夫《壶中日月长》一文也称："那时最大的遗憾是买不到酒，特别是好酒，为买酒曾经和店家吵过架，曾经挤掉过棉袄上的三粒纽扣。有粮食白酒已经不错了，常喝的是那种地瓜干酿造的劣酒，俗名大头昏，一喝头就昏。"（吴祖光编：《解忧集》，中华文化出版公司，1988 年，第 147 页）

2. 改革开放后的白酒生产

改革开放后，白酒生产迅速发展，大致可分为四个时期：

（1）快速发展期（1979—1988 年）

1978 年年底，中央做出改革开放的伟大决策。在白酒行业，逐步放宽了白酒的专卖限制，各地纷纷建立白酒酿造厂。白酒产量迅速增加，由 1979 年的 187.29 万吨提升至 1988 年的 468.54 万吨。政府放松管制，刺激了白酒行业的快速发展，但也造成了行业混乱和地方保护主义盛行。

这一时期，国家继续实行名酒评审制度。1979 年，第三届名酒评酒会评出了董酒、汾酒、茅台酒、剑南春、五粮液、洋河大曲、古井贡酒、泸州老窖特曲等 8 种名白酒。1984 年，第四届名酒评酒会评出了 13 种名白酒。

（2）曲折发展期（1989—2003 年）

1989 年，第五届名酒评酒会在 13 种名白酒的基础上，又增加

了湖南常德的武陵酒，河南平顶山的宝丰酒、河南鹿邑的宋河粮液和四川射洪的沱牌曲酒。此后，不再举行名酒评酒会，标志着国家不再对白酒品牌进行行政控制，白酒进入全面市场化时期，白酒的产量和销售价格齐升。

同年，国家开始限制公款消费，引发白酒销售危机。这次白酒销售危机还有深刻的时代背景。20世纪80年代末、90年代初，中国通货膨胀严重，国家采取适度从紧的货币政策，白酒经过多次提价后，过高的价格也使普通百姓难以承受，致使白酒销售受挫。

1992年邓小平南方谈话后，中国白酒业迅速发展。除山西、四川、贵州等传统白酒产区外，河南、山东、安徽等省也涌现出一批白酒优势企业。白酒产量从1992年的547.43万吨提升至1996年的801.33万吨。

1996年后，中国白酒产业的发展又遭到严重挫折，特别是1997年爆发的亚洲金融危机和1998年国家出台限制公务消费白酒的政策及山西朔州发生的"毒酒"案，更使白酒行业雪上加霜。全国白酒产量一路下滑，从1997年的781.73万吨降至2003年的331.35万吨。

（3）全面繁荣期（2004—2012年）

这一时期，中国经济快速发展，成为世界第二大经济体。随着人们生活水平的提高，健康饮酒理念的深入人心，人们的品牌意识增强，优质、低度白酒成为人们的消费方向。

为适应这一新形势，2004年以后白酒行业通过调整结构，实现了涅槃重生，粗放式经营、数量式扩张开始向集约式经营、品牌质量效应等方式转变。茅台、五粮液、泸州老窖、水井坊等名优白酒企业进一步发展壮大，占领了全国高档白酒市场，控制了白酒行业的定价权。各地中低档白酒的品牌化步伐也逐渐加快，产品向个性化、功能性方向发展。地方优势白酒企业普遍采取双品牌战略，努力扎根本地发展。

这一时期，白酒行业呈现量价齐升的局面，白酒的产量从2004年的311.68万吨飙升至2012年的1153.1万千升，以茅台酒为代表的高档白酒的价格屡创新高。高档白酒价格的飞涨，与畸形的高消费、腐败之风紧密联系在一起。风行一时的囤酒行为，人为放大了对高档白酒的需求，对白酒价格的飞涨起到了推波助澜的作用。

（4）深度调整期（2013年至今）

2012年党的十八大后，国家加大反腐力度，严禁公款消费高档酒，个人消费成为白酒消费的主力，茅台、五粮液等高档酒价格出现波动。与20世纪80年代末、90年代初白酒产业受挫不同，中坚白酒企业并没有出现暴起暴落现象，企业经营更趋稳健，发展质量更高。

为应对个人消费的新局面，白酒企业纷纷推出较低价位的新产品，如五粮液推出五粮液特曲、头曲，茅台推出仁酒、赖茅，泸州老窖推出窖龄酒等。在产品研发和推广上，各白酒企业更加注重个性化、年轻化和时尚化。

2016年以来，随着个人消费的升级，高档白酒的价格开始回升。高品质、低度化是白酒未来的发展趋势。中国白酒市场的需求将从目前的金字塔型向橄榄球型转变，高档白酒企业的产品将会进一步下延，地域性的低档白酒企业或被淘汰出局，或实行产品升级。

从世界范围来看，目前白酒的消费基本上局限于华人世界。与法国的白兰地、苏格兰的威士忌、俄罗斯的伏特加等其他蒸馏酒相比，中国的白酒出口较少，还处于"养在深闺人未识"的局面，如2014年中国1.8万家企业生产白酒1256.9万千升，对外出口不足5万千升，仅占1%。中国白酒走出国门，被世界人民所赏识的道路还很漫长。

表1—1　改革开放以来中国白酒年产量（万吨/万千升）*

年份	产量	年份	产量	年份	产量	年份	产量
1979	187.29	1989	448.51	1999	502.26	2009	706.93
1980	215.28	1990	513.91	2000	476.15	2010	890.8
1981	245.72	1991	524.48	2001	420.19	2011	1025.6
1982	253.29	1992	547.43	2002	378.36	2012	1153.1
1983	290.17	1993	593.67	2003	331.35	2013	1126.7
1984	371.10	1994	651.29	2004	311.68	2014	1256.9
1985	337.96	1995	774.42	2005	349.37	2015	1312.8
1986	350.77	1996	801.33	2006	397.08	2016	1358.4
1987	431.03	1997	781.73	2007	493.95	2017	1198.1
1988	468.54	1998	584.96	2008	569.34	2018	871.2

　*1979—2009年白酒产量的单位为万吨，2010年以后白酒产量的单位为万千升。2018年的白酒产量为折65°酒产量。

第三节 葡萄之液

从世界范围来看，葡萄酒是一种非常古老的酒。在古亚美尼亚遗址中，人们发现了距今约 8000 年的葡萄酒酒罐。古代希腊人、罗马人经常酿造和饮用葡萄酒。就中国而言，西汉张骞通西域后，葡萄酒就传播到了中国。但在中国古代，葡萄酒一直十分稀少和珍贵。1892 年，张裕葡萄酿酒公司的成立揭开了中国工业化生产葡萄酒的序幕。但直到改革开放前，葡萄酒的产量有限，葡萄酒的消费仅限于社会上层人士。改革开放后，随着人们生活水平的提高，葡萄酒开始进入普通百姓家。2016 年，中国人均消费葡萄酒 1.3 升，与世界人均消费量 3.2 升尚有不小的差距。目前，在中国人饮用的各种酒类中，葡萄酒被视为健康、高雅的饮品，葡萄酒在今后仍有很大的发展空间。

一 古葡萄酒

1. 唐代以前的葡萄酒

先秦时期，中国人将野生的葡萄称为"葛藟"。《诗经》中多次提到这种野生的葡萄，如《诗经·周南·樛木》云："南有樛木，葛藟累之。"《诗经·王风·葛藟》云："绵绵葛藟，在河之浒。"但

汉代以前，中国人并未种植"葛蘲"并酿酒，中国的葡萄是西汉的张骞从西域引进的。

汉武帝时，张骞奉命出使西域，在大宛国（位于今中亚费尔干纳盆地）见到了葡萄和葡萄酒，当地人非常嗜饮葡萄酒，"富人藏酒至万余石，久者数十岁不败"（《史记·大宛列传》）。张骞将葡萄种子献于汉武帝，汉武帝下令种植于肥饶之地，内地自此开始种植葡萄。

最迟至曹魏时，中国人已用葡萄酿酒，魏文帝曹丕【图1—6】的《诏群臣》称："中国珍果甚多，且复为说蒲萄……又酿以为酒，甘于曲蘖，善醉而易醒。"（[宋]李昉：《太平御览》卷九七二《果木部·葡萄》）曹丕所言"中国"指曹魏本身，曹魏时种植葡萄酿酒的地区主要分布在西域的高昌（今新疆吐鲁番东）和河西走廊的凉州（今甘肃武威）。由于高昌更接近于中亚的大宛国，因此种植葡萄和酿制葡萄酒的时间，当早于凉州。《吐鲁番出土文书》中，有不少史料记载了4—8世纪吐鲁番地区葡萄园种植、经营、租让及葡萄酒买卖的情况。至迟6世纪时，高昌便能利用水和酒精的凝固点不同，采用冰冻方法生产酒精度数较高的葡萄"冻酒"了。据唐代张悦《梁四公记》载，梁武帝大同年间（535—546），高昌国遣使献"方物"，其中已有"冻酒"（唐代张悦《梁四公记》已佚。高昌国贡"冻酒"一事，可见宋代李昉等编《太平广记》卷八一《梁四公》，中华书局，1961年，第519页）。

据晋代挚虞《三辅决录注》载，东汉末年扶风（今陕西西安）人孟佗以一斗葡萄酒作为礼物贿赂宦官张让，"让即拜佗为凉州刺史"（晋代挚虞《三辅决录注》已佚。转引自 [南朝宋] 范晔撰，[唐] 李贤等注：《后汉书》卷一〇八《张让传》注引，中华书

图1-6 魏文帝曹丕（选自唐阎
立本《历代帝王图》）

图1-7 唐太宗李世
民（唐阎立本绘）

局，1965年，第2534页）。孟佗的字为"伯郎"，故宋代苏轼
《东坡集》卷九《将入京应举》一诗讽刺道："将军百战竟不侯，
伯郎一斗得凉州。""伯郎一斗得凉州"这个故事从一个侧面反映
了当时葡萄酒的珍贵。有学者认为，唐太宗之前即有歌咏河东地
区（今山西）葡萄和葡萄酒的诗歌（王利华：《中古华北饮食文
化的变迁》，中国社会科学出版社，2000年，第253页），说明当
地已有葡萄酒的生产。但唐代之前内地生产的葡萄酒极少，人们
消费的葡萄酒大多来自域外或高昌、凉州的贡献，这是葡萄酒价
格昂贵的一个重要原因。

2. 唐代的葡萄酒

有关内地酿造葡萄酒的最早记载始于唐太宗时期。唐太宗【图
1—7】派大将李靖攻取高昌，高昌的造酒法遂传入内地。宋代钱
易《南部新书》卷三载："太宗破高昌，收马乳蒲桃种于苑，并得
酒法。仍自损益之，造酒成绿色，芳香酷烈，味兼醍醐，长安始识

其味也。"宋代王溥《唐会要》卷一百《杂录》亦称："葡萄酒，西域有之，前世或有贡献。及破高昌，收马乳葡萄实，于苑中种之，并得其酒法，自损益造酒。酒成，凡有八色，芳香酷烈，味兼醍醐，既颁赐群臣，京中始识其味。"王赛时认为，"八色"应误，因为唐初长安开始酿造葡萄酒，只能使用自然发酵法，酒熟后或呈红色，或呈绿色，此即早期的红葡萄酒和白葡萄酒（**王赛时：《古代西域的葡萄酒及其东传》，《中国烹饪研究》1996 年第 4 期**）。

唐代文献的记载表明，河东地区特别是太原一带是当时中国内地葡萄酒的生产中心。自中唐以后，当地所产的葡萄酒屡屡见于诗人的吟诵。刘禹锡赋有《葡萄歌》一诗，诗中有云："有客汾阴至，临堂睒双目。自言我晋人，种此如种玉。酿之成美酒，令人饮不足。为君持一斗，往取凉州牧。"

图1-8 唐代房陵公主墓壁画《提壶持高足杯侍女图》（1975年陕西省富平县吕村乡出土）。高足杯通常用来饮用葡萄酒

随着内地葡萄酒生产规模的逐渐扩大，葡萄酒的消费渐渐不再局限于皇室贵族，内地的社会中上层人士也有机会品尝到这种奇味佳酿了。唐代大诗人李白的《对酒》云："蒲萄酒，金叵罗，吴姬十五细马驮。青黛画眉红锦靴，道字不正娇唱歌。玳瑁筵中怀里醉，芙蓉帐底奈君何。"这首诗既反映了唐代葡萄酒的珍贵，又反映了葡萄酒已普及市肆大众，当然能够消费得起葡萄酒

的，无疑是社会的中上层人士。【图1—8】

河西走廊凉州的葡萄酒，在唐代名气更大了。唐代诗人王翰《凉州词》云："葡萄美酒夜光杯，欲饮琵琶马上催。醉卧沙场君莫笑，古来征战几人回？"在唐代的边塞地区，"葡萄酒已成为军旅中最受欢迎的美酒，以至于军前犒赏、帐下痛饮，都要高捧葡萄酒觞。""唐代边军多饮葡萄酒，可能得酒于西域，还不一定是内地所产。"（王赛时：《唐代饮食》，齐鲁书社，2003年，第149页）

3. 宋金的葡萄酒

宋代时期，河东地区仍是中国葡萄酒的一个主要产区，唐慎微《重修政和经史证类备用本草》卷二三《葡萄》载："今太原尚作此酒，或寄至都下。"酿造葡萄酒的技术在北方中原地区得到了更为广泛的传播，宋人吴垌《五总志》称："葡萄酒自古称奇，本朝平河东，其酿法始入中都。"

有人说宋代葡萄酒生产不如唐代。李华瑞认为，这是欠妥当的，宋代屡有以葡萄酒设喻的诗词，"若没有大量的生产，是不好作这些比喻的"（李华瑞：《宋代酒的生产与征榷》，河北大学出版社，1995年，第31页）。人们之所以得出宋代葡萄酒生产不如唐代的结论，主要是基于歌咏葡萄酒的宋代诗词文句没有唐诗中那么普遍。

唐代葡萄酒刚刚从皇宫走向民间，对于大多数普通的唐代文人士大夫而言，饮用葡萄酒尚处于尝鲜阶段，人们往往喜欢对刚刚出现的美好事物进行歌咏赞叹，可以想象很多诗人是在初次品尝到美味的葡萄酒后，才赋诗歌咏的。而宋代葡萄酒早已是司空见惯之物，激不起多数文人士大夫的创作热情也是可想而知的。

对于宋代的大多数普通百姓而言，葡萄酒显然是奢侈之物。

这与中国古代内地葡萄酒的酿造密切相关。在中国内地，葡萄多作为水果食用，而非用于酿酒。宋代朱翼中《北山酒经》卷下记载有当时酿造葡萄酒的方法："酸米入甑蒸起，上用杏仁五两（去皮尖）、蒲萄二斤半（浴过，干，去了皮），与杏仁同于砂盆内一处，用熟浆三斗逐旋研尽为度，以生绢滤过。其三斗熟浆泼饭软，盖良久，出饭摊于案上，依常法，候温，入曲搜拌。"可以看出，这种酿造葡萄酒的方法实际上是将葡萄作为添加料物，用酿造米酒的方法来酿造的。

金代时期，内地最大的葡萄生产地河东地区沦为金朝的统治之下，当地人极少有将葡萄酿成葡萄酒者。金朝的元好问写有《蒲桃酒赋》，其序称："刘邓州光甫为予言，吾安邑多蒲桃，而人不知有酿酒法。少日尝与故人许仲祥摘其实，并米炊之，酿虽成，而古人所谓甘而不饴，冷而不寒者，固已失之矣。贞祐中，邻里一民家避寇，自山中归，见竹器所贮蒲桃在空盎上者，枝蒂已干而汁流盎中，熏然有酒气，饮之良酒也。盖久而腐败，自然成酒耳。不传之秘，一朝而发之，文士多有所述，今以属子，子宁有意乎？予曰：世无此酒久矣，予亦尝见还自西域者，云大食人绞蒲桃浆，封而埋之，未几成酒，愈久者愈佳，有藏至千斛者。其说正与此合。物无大小显晦，自有时决，非偶然者，夫得之数百年之后，而证数万里之远，是可赋也。于是乎赋之。"

元好问和好友刘光甫用内地加米加曲的传统方法酿造葡萄酒，达不到"甘而不饴，冷而不寒"的标准。可以说，中国古代酿造葡萄酒的方法一直不得要领，其根源在于套用或借鉴传统米酒的酿造。实际上，在葡萄酒发酵过程中，葡萄皮上的酵母菌能起到关键的作用。自然发酵的葡萄酒和西域大食人（阿拉伯人）酿造的葡萄酒，均是将葡萄挤破，葡萄汁液和葡萄皮肉共同参与发酵，终成"甘而不饴，冷而不寒"的葡萄美酒。与此相反，朱翼中《北山酒经》所记载的内地酿造葡萄酒的方法，恰恰是葡萄去皮，以酒曲代替葡萄皮发酵。无怪乎中原内地酿造不出可与西域相媲美的正宗葡萄酒来。

4. 元代的葡萄酒

元代时，蒙古统治者策马扬刀，开疆拓土，将传统盛产葡萄酒的西域地区并入大元，输入中原内地的西域葡萄酒数量大大增加。游牧民族出身的蒙古统治者十分好酒，对甘洌的葡萄酒更是非常喜爱。元世祖至元二十八年（1291），元代在宫中建造酿造葡萄酒的酒室，元代统治者还规定祭祀太庙必须用葡萄酒。这些措施大大提高了葡萄酒的地位。

元代统治者还在传统的葡萄产区山西太原开辟葡萄园，酿造葡萄酒。意大利人马可·波罗供职于元朝政府长达 17 年，他在《马可·波罗游记》中，描写太原府时，称："这地方葡萄园数目很多，葡萄产量十分高。"（[意]马可·波罗口述，鲁思梯谦笔录：《马可·波罗游记》，福建科学技术出版社，1981 年，第 132 页）山西太原的葡萄酒在口味上，尚不及原产于西域的葡萄酒，元代忽思慧《饮膳正要》卷三《米谷品》"葡萄酒"条称："酒有数等，有西番者，有哈刺火者，有平阳太原者，其味都不及哈刺火者。"

由于蒸馏技术的应用，元朝已开始生产葡萄烧酒（白兰地）。明代叶子奇《草木子》卷三《杂制篇》"法酒"条云："用器烧酒之精液取之，名曰哈刺基。酒极酽烈，其清如水，盖酒露也。每岁于冀宁等路造蒲萄酒，八月至太行山中，辨其真伪。真者不冰，倾之则流注；伪者杂水即冰，凌而腹坚矣。其久藏者，中有一块，虽

极寒，其余皆冰而此不冰，盖蒲萄酒之精液也……此皆元朝之法酒，古无有也。"

元代时，葡萄酒还被上升为"国饮"，被皇室列为国事用酒。元代官方酿造的葡萄酒，采用搅拌、踩打的自然发酵方法。在民间，葡萄酒也较普及，大都居民还把葡萄酒当作生活必需品。与官方葡萄酒的自然发酵酿制不同，民间百姓往往按照酿造传统米酒的习惯，使用酒曲发酵工艺，在葡萄浆中加入酒曲，使其发酵成熟。此外，内地人还采用蒸馏法，提取酒精度数更高的蒸馏葡萄酒。

5.明清的葡萄酒

明代时，疆域面积比元代大大缩小，传统盛产葡萄酒的西域地区大部分并未纳入大明的版图，西域葡萄酒输入内地的数量大大减少。同时，太原等地的葡萄酒的生产也由盛转衰。内地生产的葡萄酒，多系添加酒曲酿造而成。与元代相比，质量有所下降。

明代李时珍《本草纲目》卷二五《葡萄酒》载："葡萄酒有二样：酿成者味佳，有如烧酒法者有大毒。酿者，取汁同曲，如常酿糯米饭法。无汁，用干葡萄末亦可。魏文帝所谓葡萄酿酒，甘于曲米，醉而易醒者也。烧者，取葡萄数十斤，同大曲酿酢，取入甑蒸之，以器承其滴露，红色可爱……或云：葡萄久贮，亦自成酒，芳甘酷烈，此真葡萄酒也。"

从李时珍的记述可知，明代无论酿造的葡萄酒，还是烧蒸的葡萄酒，皆在原料中添加了酒曲。这两种葡萄酒，在口味上均比不上"芳甘酷烈"的自然发酵的葡萄原汁酒，故人们称这种葡萄酒为"真葡萄酒"。由此可见，明代葡萄酒的酿造技术不是进步了，而是大大地退步了。明代的上层社会仍喜欢饮用葡萄酒，兰陵笑笑生

《金瓶梅》第三十八回《西门庆夹打二捣鬼　潘金莲雪夜弄琵琶》有对西门庆及其家人饮用葡萄酒的描写，反映了当时社会上层饮用葡萄酒的社会情景。

明代灭亡后，清代的满族统治者认为，葡萄酒度数高，有大毒，所以不喜欢饮用。葡萄酒在统治阶层中的失宠，使它失去了主要的消费群体，葡萄酒的生产日渐式微，只在少数盛产葡萄的地区尚保留之。鸦片战争以后，洋葡萄酒开始进入中国市场，"外国输入甚多，有数种。不去皮者色赤，为赤葡萄酒……去皮者色白微黄，为白葡萄酒……别有一种葡萄，产西班牙，糖分极多，其酒无色透明，谓之甜葡萄酒"（[清]　徐珂：《清稗类钞·饮食类》"葡萄酒"条）。国内生产葡萄酒的小作坊完全无法与国外的大工业生产相抗衡，纷纷破产倒闭，中国传统的葡萄酒酿造技术也失传了。

二　今葡萄酒

1. 清末民国时期的葡萄酒

中国人采用现代工艺生产葡萄酒，始于苏门答腊爱国华侨张弼士在烟台芝罘建立的张裕葡萄酿酒公司。清光绪十八年（1892），张弼士投资300万两白银，从西方引进优良的葡萄品种，聘请奥匈帝国男爵、驻烟台副领事巴保为酿酒师，引进国外生产技术生产多种品牌的葡萄酒，开创了中国工业化生产葡萄酒的新纪元【图1—9】。

1915年，在巴拿马太平洋万国博览会上，张裕葡萄酿酒公司的白兰地、红葡萄酒、雷司令、琼瑶浆等葡萄酒品牌荣获金质奖章和最优等奖状，中国的优质葡萄酒开始为世人所知。张裕公司的葡萄酒，有名者还有味美思和玫瑰红。味美思在1918年获国际赛酒会金奖。20世纪50年代中期，德国人丢失了祖传的味美思葡萄酒

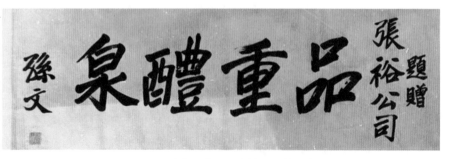

图1-9　孙中山先生为张裕公司的题字

配方，不得不向中国求助索取，中国俨然成为味美思的权威。

1910年，天主教圣母文学总院法国修士沈蕴璞为满足圣母文学会及全国各地天主教举行弥撒祭礼用酒的需要，在北京设立上义学校酿造所，后来先后改名为上义洋酒厂和北京葡萄酒厂。该厂除生产葡萄酒外，还生产白兰地、威士忌等，产品主要供应北京各大使馆、饭店和酒吧，剩余产品销往天津、上海、汉口、广州等地。

民国时期，在山东青岛、山西清徐、吉林长白山和通化、北京怀来等地相继建立了5家近代化的葡萄酒厂。

1914年，德国商人在青岛建立家庭葡萄酒作坊，后转入福昌洋行名下。1930年，又被"美最时"洋行收购，酒厂改名为"美口酒厂"。第二次世界大战期间，该厂扩大生产，并在上海、天津、东南亚等地设立代理店。后来，美口酒厂被国民党及其官僚资本收购，改名为青岛葡萄酒厂，之后没有太大的发展。

1921年，山西人张治平购进法国设备，在山西清徐建立益华酿酒公司，生产白兰地、葡萄纯汁、葡萄烧酒等，欲以国产葡萄酒代替进口葡萄酒。该厂后来改名为山西清徐酒厂。抗日战争时期，清徐被日军占领，酒厂遭到严重破坏。

1936年，日本人饭岛庆三在吉林长白山建立葡萄酒厂，该厂后来改名为"老爷岭葡萄酒厂"。1946年年初，由于战乱厂房遭到破坏。

1938年，日本人木下溪在吉林通化建立葡萄酒厂。1941年，改名为"通化葡萄酒株式会社"。抗日战争结束后，该厂先后被国民政府和八路军接管。

1941年，日本人樱井安藏在河北怀来县沙城镇建立葡萄酒厂。

清末和民国建立的7家葡萄酒厂，规模均很小，至1949年葡萄酒总产量不足200吨，但最早奠定了中国近代葡萄酒行业的基础。7家葡萄酒厂中，只有2家是中国人自己建立的，另外5家均是外国人建立。可见，中国近代葡萄酒业的发轫，除了受中国民族资本家产业救国思想的影响之外，还与天主教的宗教活动和日本的侵略有关。晚清和民国时期葡萄酒的酿造工艺由外国人主导，所使用的葡萄绝大多数为中国当地的品种。

2. 中华人民共和国成立至改革开放时期的葡萄酒

中华人民共和国成立后，国家积极恢复葡萄酒行业的生产，轻工业部组织实施各葡萄酒厂的改建、扩建工程。"一五"计划期间（1953—1957），新建了北京东郊葡萄酒厂和陕西丹凤葡萄酒厂，扩建了烟台张裕葡萄酒公司、青岛葡萄酒厂、北京葡萄酒厂、吉林通化葡萄酒厂、山西清徐露酒厂、河北沙城葡萄酒厂。

"二五"计划期间（1958—1962），中国从保加利亚、匈牙利和苏联引进了数百个鲜食和酿酒葡萄品种，新建了河南民权、兰考、郑州葡萄酒厂，安徽萧县葡萄酒厂，江苏连云港、丰县葡萄酒厂等10多个葡萄酒厂。1966年，中国葡萄酒产量已达1万吨。

20世纪70年代，在新疆吐鲁番、宁夏玉泉、湖北枣阳、广西永福、云南开远等地相继改建或新建了一批葡萄酒厂，全国县以上

酒里乾坤
中华文化元素丛书

的葡萄酒厂增加到 100 多家。1978 年，中国葡萄酒产量达到 5.81
万吨，但以甜性葡萄酒和含汁量较低的"半汁酒"为主体，折合
"全汁酒"为 2.77 万吨（王晓红：《方兴未艾的葡萄酒业》，《中
国果菜》2002 年第 2 期）。"半汁酒"为一定比例的葡萄汁酿造的
葡萄酒，"全汁酒"是用 100% 的葡萄汁酿造的葡萄酒。1994 年，
中国颁布 GB/T15037—94 葡萄酒（全汁）检测标准。2002 年，中
国完全停止"半汁酒"的生产。

3. 改革开放后的葡萄酒

改革开放后，中国葡萄酒行业经历了快速而曲折的发展历程。

在改革开放的第一个十年（1979—1988），中国葡萄酒行业步
入了发展的快车道。这一时期，中国葡萄酒行业与国际社会广泛交
流，新建了一批中外合资葡萄酒企业，如 1980 年在天津成立的王
朝葡萄酒公司、1983 年在河北沙城成立的中国长城葡萄酒有限公
司等。国外优良酿酒葡萄品种和先进设备、工艺、管理、技术标准
的引进，大大加快了中国葡萄酒行业与世界的接轨。

在葡萄酒品种的开发上，干白葡萄酒新工艺的研制成功改变了
传统的甜型配制酒为主的状况，为中国葡萄酒与国际标准接轨迈出
了关键性的一步。1983 年，长城干白葡萄酒获第 14 届国际品酒会
银奖。王朝干白葡萄酒、张裕公司的雷司令干白葡萄酒等在国内也
有较好的声誉。由于全国大多数人刚刚脱离贫困，在口味上还追求
"甜蜜"，人们对葡萄酒的认识还停留在"甜酒""带汽酒"（小香
槟）的阶段。对于酸而涩的干型葡萄酒还很难接受，干型葡萄酒仅
占 5% 左右。

改革开放的第一个十年也是半汁葡萄酒全面发展的时期。这一
时期，中国葡萄酒的产量从 1979 年的 2.9 万吨飙升到 1988 年 30.9

万吨，但基本上是含汁量50%以下的半汁葡萄酒，全汁葡萄酒产量很低。市场上，是葡萄酒就好卖，卖葡萄酒就赚钱。由于缺乏规范的管理，低档劣质葡萄酒恶性膨胀，出现了你低档我比你更低档、你便宜我比你更便宜的恶性循环，败坏了葡萄酒的声誉，扰乱了葡萄酒市场。

1989年至2002年是中国葡萄酒行业的结构调整期。低档劣质葡萄酒恶性膨胀酿成的恶果终于在20世纪80年代末至90年代前半期爆发了，广大的消费者不再购买低档劣质的葡萄酒，一大批中小葡萄酒厂纷纷破产倒闭。由此带来了葡萄酒产量的大跌，1989年全国葡萄酒产量跌至27.2万吨，之后数年一路走低。经过两次起伏后，1996年跌至17万吨。

生产低档劣质葡萄酒企业的寒冬，却是坚持生产高质量葡萄酒企业的春天。张裕、王朝、长城等大型葡萄酒企业，以其优良的品质赢得了广大消费者的信赖，发展十分迅速。

中国葡萄酒企业凤凰涅槃，浴火重生，开始结构转型。1994年，国家出台全汁葡萄酒国家标准，取消含汁在50%以上的"半汁酒"的生产，促进了葡萄酒生产由甜汁酒、半汁酒向干型酒、全汁酒的转化。

之后，干型葡萄酒的市场认可度、普及率越来越高，以每年10%的速度发展。1996年，干型葡萄酒已占40%以上，以干型葡萄酒为代表的全汁葡萄酒产量的增加，代表着中国葡萄酒骨干企业的成功转型。

1996年，干红葡萄酒开始成为消费的新时尚，"干红热"肇始于广东、福建东南沿海城市，逐渐蔓延全国各地，葡萄酒开始被人们重新定义为"红酒"。中国形成干白、干红葡萄酒的固定消

费群体。

2003 至 2012 年是中国葡萄酒行业的快速健康发展期。2003 年，中国葡萄酒行业完成结构调整，步入健康发展的快车道。中国葡萄酒的酿造，也从早期的只讲工艺等人为因素，过渡到重视品种、产区等自然因素。起泡酒、冰酒、单品种酒、年份葡萄酒、新鲜葡萄酒、陈酿型酒、酒庄酒等高端葡萄酒不断推陈出新。

葡萄酒生产企业迅速增加，形成了东北长白山、华北渤海湾、黄河三角洲、河北沙城、山西清徐、宁夏银川、甘肃武威、新疆吐鲁番、豫东皖北黄河故道、云南高原等 10 大产区。中国已成为葡萄酒生产大国，葡萄酒的产量由 2003 年的 34.3 万吨上升为 2012 年的 138.2 万千升。

随着人们生活水平的提高，高端葡萄酒逐渐受到青睐，洋酒开始大量进入中国市场。20 世纪 90 年代后期，中国每年进口葡萄酒 4 万千升左右。2005 年中国进口葡萄酒 5.31 万千升，2006 年上升为 12.64 万千升。此后，这一纪录不断刷新，五年后达到 30.48 万千升。面对国外葡萄酒的挑战，张裕、长城及王朝等葡萄酒企业借鉴国外酒庄酒模式，加大高端葡萄酒产品的投入，以保持行业领先地位。

2013 年以后，中国葡萄酒行业面临着新的形势。一方面，高档葡萄酒越来越受到追求健康的社会中上层人士的青睐，国内葡萄酒消费市场继续扩大，2017 年中国人共消费葡萄酒 179 万千升；另一方面，为弥补高档葡萄酒的不足，国外葡萄酒的进口增长更为迅速，仅 2018 年上半年，中国就进口了约 385 万千升的葡萄酒，与 2017 年同期相比增长了 25.8%。受进口高端葡萄酒的挤压，国内葡萄酒的生产开始逐年下滑。

目前，中高端葡萄酒多为进口的洋酒。与法国、德国、意大利、澳大利亚等葡萄酒强国相比，中国葡萄酒产业大而不强，葡萄酒的整体质量还有待提高。

表1—2　改革开放以来中国葡萄酒年产量（万吨/万千升）*

年份	产量	年份	产量	年份	产量	年份	产量
1979	2.9	1989	27.2	1999	25.0	2009	96.0
1980	7.8	1990	25.4	2000	20.2	2010	108.9
1981	11.1	1991	24.2	2001	25.1	2011	115.7
1982	11.8	1992	24.6	2002	28.8	2012	138.2
1983	12.9	1993	29.0	2003	34.3	2013	117.8
1984	16.0	1994	18.5	2004	36.7	2014	116.1
1985	23.3	1995	23.0	2005	43.4	2015	111.2
1986	25.3	1996	17.0	2006	49.8	2016	113.7
1987	27.8	1997	18.6	2007	66.5	2017	100.1
1988	30.9	1998	22.0	2008	69.8	2018	62.9

*1979—2009年葡萄酒产量的单位为万吨，2010年以后葡萄酒产量的单位为万千升。

第四节　大麦之华

啤酒，又称"皮酒"。因用大麦酿造，又称"麦酒"。在黄酒、白酒、红酒、啤酒中国四大酒类中，目前以啤酒的消费量为最大。啤酒的起源甚早，在古埃及和巴比伦，人们常用大麦酿造啤酒，用于祭神和饮用。啤酒后来传入古代希腊和罗马，近代以来在欧洲诸国逐渐流行开来。随着西欧殖民者的扩张，啤酒被传播到世界各地。中国的啤酒最初是由西方殖民者传入的，改革开放以前中国的啤酒生产和消费一直很少，改革开放后啤酒成为中国人经常饮用的酒类。

一　初入华夏

近代以来，随着国门被西方列强的坚船利炮轰开，外交人员、商人、传教士等大批西方人来到古老的华夏大地。在华的西方人因喝不惯中国的白酒，喜欢喝葡萄酒和啤酒，啤酒遂和其他"洋货"一起输入中国。与西方人接触较多的买办商人等，也最早品尝到了啤酒。但在1900年之前，中国没有啤酒厂，所需啤酒皆依赖进口。为了满足在华欧美人士饮用啤酒的需求，20世纪初列强开始在华设厂生产啤酒。

1900 年，俄国商人乌卢布列夫斯基率先在哈尔滨香坊区油坊街 20 号开设啤酒厂，生产"哈尔滨啤酒"。1908 年，该啤酒厂转由俄国人乌瓦特夫经营，厂名改为"古罗里亚啤酒厂"。

1903 年，山东青岛开设"日耳曼啤酒公司青岛股份公司"，年产 2000 吨淡黄色啤酒和黑色啤酒。由于该啤酒厂以德国资本为主，英国人投资合作，因此又称"青岛英德啤酒公司"。1906 年，该公司生产的啤酒在慕尼黑博览会上展出，获金牌奖。1916 年，公司被日本收购，更名为"大日本麦酒株式会社青岛工场"，仍生产黄啤酒和黑啤酒，商标有"札幌""太阳""福寿""麒麟"等品牌。

上海是近代中国的经济中心，洋人、买办汇集，啤酒的消费市场广阔。1917 年，挪威人创办 UB 啤酒厂，这是上海首家啤酒厂。

中国人自己的最早的啤酒厂是 1915 年创办的北京双合盛啤酒厂，生产的啤酒为"五星啤酒"。同年，中国商人在广东创办了五羊啤酒厂。1920 年，王益斋创办烟台啤酒公司，生产"双人岛"啤酒，但在质量和名气上不如青岛啤酒。同年，台湾创办高砂麦酒会社生产啤酒，计划年产 10 万箱。但受资本、设备、人才、技术的限制，加之日本啤酒的竞争，第一年仅销售 1 万多箱，第五年上升至 2.6 万多箱。

可以说，清朝末年至北洋政府时期是啤酒的"初入华夏"期，位于上海等通商口岸的少数社会上层人士受在华欧美人士的影响，开始尝试饮用啤酒，如清末徐珂《清稗类钞·饮食类》"麦酒"条载："蒋观云大令智由在沪，每入酒楼，辄饮之。"但这一时期的大多数中国人尚未接触到啤酒，一些知识界人士对啤酒也知之甚少，甚至对啤酒多有误解，如徐珂《清稗类钞·饮食类》"麦酒"条称："麦酒者，以大麦为主要原料。酿制之酒，又名啤酒，亦称

皮酒。贮藏时，尚稍稍发酵，生碳酸气，故开瓶时小泡突出。饮后，有止胃中食物腐败之效，与他不同。后汉范冉与王奂善，奂选汉阳太守，将行，冉与弟协步赍麦酒，于道侧设坛以待之。是麦酒之名，我国古已有之。"文中即将啤酒与中国古代的"麦酒"混为一谈。

二 渐为人知

南京国民政府时期（1927—1949年）和中华人民共和国成立至改革开放前（1949—1978年），啤酒在中国渐为人知。

1. 1927—1949年的啤酒生产与消费

南京国民政府时期，外资继续在中国兴建啤酒生产企业。1936年，英国怡和洋行创办怡和啤酒厂，沙逊洋行创办友啤啤酒厂。不久，法国人创办了国民啤酒厂。

原有的外资啤酒生产企业获得了较大发展，最为突出的是"大日本麦酒株式会社青岛工场"。1939年，"大日本麦酒株式会社青岛工场"兴建制麦车间，其制造麦芽的设备为当时中国国内所仅有。1942年，"大日本麦酒株式会社青岛工场"大规模扩建，啤酒生产能力达到4663吨/年。抗日战争结束后，南京国民政府接管了"大日本麦酒株式会社青岛工场"，先后易名为"青岛啤酒公司""青岛啤酒厂"。长期以来，青岛啤酒保持了较高的品质，声誉在外，畅销大江南北、长城内外，啤酒也成为青岛市的名片之一。1948年，青岛啤酒还走出国门，出口至新加坡。1949年6月2日青岛解放后，青岛啤酒厂更名为"国营青岛啤酒厂"。

哈尔滨的古罗里亚啤酒厂，1932年改名为"哈尔滨啤酒厂"，由捷克人加夫列克和中国人李竹臣共营。黑龙江沦陷后，啤酒厂被日本人接管。在此基础上，1937年日本人高桥真男等创建了"哈尔滨啤酒股份有限公司香坊分厂"。抗日战争结束后，啤酒厂由苏联红军控制。1946 年，苏联人将工厂更名为"秋林股份有限公司第一啤酒厂"，生产的啤酒为"红星牌"。

华资啤酒生产企业也不甘落后，积极与外资啤酒竞争，抢占啤酒市场。山东的烟台啤酒公司的销售策略尤其值得一提。1930 年初，为了打开销路，烟台啤酒在上海静安寺路 20 号"新世界"底层安家，采取多种策略与洋啤酒展开竞争。对前来"新世界"娱乐的客人，免费赠送印有"烟台啤酒厂赠"的毛巾。举行免费喝啤酒大赛，头名奖大银鼎，二三名奖小银鼎。当天，参赛选手共喝下 500 箱（每箱 48 瓶）啤酒。一个月后，又开展在"头淞园"找啤酒活动，找到者奖啤酒 20 箱。厂方还专门拿出 10000 元设奖，具体做法是，在部分啤酒盖内分别印上"中""国""啤""酒"四字，对应奖励 1 元、2.5 元、5 元、10 元。通过这些活动，烟台"双人岛"啤酒渐为沪人所知，在上海啤酒市场站稳了脚跟。

北京的双合盛啤酒厂生产的"五星"啤酒，在抗日战争之前已经驰名中外。"当年在华北不但把日本'太阳啤酒'打垮，就是'青岛啤酒'、'上海啤酒'也不敢与'五星啤酒'抗衡。"（唐鲁孙：《酸甜苦辣咸》，广西师范大学出版社 2005 年版，第 117 页）1937 年七七事变后，日军占领平津。双合盛啤酒厂亦在沦陷之列。日军品尝到"五星"啤酒后，认为口味胜过日本的"太阳""樱花""麒麟"等啤酒。两个月不到，就把厂里的储货全部喝光了。日军勒令该厂加工赶制，可是战时进口不到德国的啤酒花，"无计可施，双合盛经理邹寅生灵机一动，弄来一麻袋槐花，蒸馏出来的水，颜色是绿莹莹，味道是苦涩涩的，且把槐花充作啤酒花。啤酒出厂，居然照样畅销，把日本军阀蒙混过去。"（唐鲁孙：《天下

味》，广西师范大学出版社，2004 年，第 212 页）

用槐花代替啤酒花生产啤酒，不为双合盛啤酒厂独美，台北的"建国啤酒厂"甚至用过干菊花代替啤酒花。"建国啤酒厂"即原来的"高砂麦酒会社"，1945 年台湾光复后，改为现名。当时，啤酒花供应不上，人们遂用槐花代替。"台北槐树不多，就是槐花也时有匮乏，逼得用干菊花来顶替。用了两三年，直到买进德国的啤酒花才恢复正常。"（唐鲁孙：《天下味》，广西师范大学出版社，2004 年，第 212 页）

南京国民政府时期，无论是外资，还是华资啤酒生产企业，啤酒花和麦芽均主要从国外进口。啤酒的生产技术普遍落后，且受制于人。啤酒行业的产量很低，1940 年全国啤酒年产量为 4 万吨，1949 年仅 7000 余吨。啤酒的消费对象主要是非富即贵的社会上层人士及在华的外国商人、军人，普通的中国老百姓或偶尔听说过啤酒，尚无口福品尝之。

2. 1949—1978 年的啤酒生产与消费

中华人民共和国成立后，大陆的外资啤酒厂被收归国营，如哈尔滨的"秋林股份有限公司第一啤酒厂"，1950 年苏联红军将工厂交还中国政府，改名为"哈尔滨啤酒厂"。民营啤酒厂在随后的工商业的社会主义改造中，经过公私合营改为国营企业。国家也开始新建一批啤酒厂，啤酒行业的产能得到了快速的恢复和发展，至 1959 年中国啤酒的产量已达到 10.77 万吨。

受国民经济调整和随后的"文化大革命"等政治运动的影响，啤酒行业的发展一直较慢，1969 年中国啤酒的年产量仅为 14.8 万吨。饮用啤酒的人也不多，三年困难时期（1959—1961），为了增加销售，北京的酒铺甚至规定："卖一盘凉菜必须得搭杯啤酒"

（北岛：《饮酒记》，载夏晓虹、杨早编《酒人酒事》，三联书店，2012 年，第 385 页）。改革开放后，啤酒的年产量也仅有 40.38 万吨，远远不能满足中国人对啤酒的消费需求。

中华人民共和国成立至改革开放前，中国啤酒行业的发展虽然较慢，但摆脱了国外资本控制中国啤酒生产的局面，在啤酒的研发与人才培养等方面也做了不少工作，为改革开放后中国啤酒工业的腾飞奠定了基础。

三　夏日盛饮

改革开放 40 多年来，啤酒生产获得了飞速发展，啤酒消费快速普及。在炎热的夏季，啤酒已成为城乡居民佐餐消暑的主要酒类。尤其是在炎热的夏日夜晚，在路边的"大排档"喝啤酒是许多普通人的最爱。

1.1979—1988 年的啤酒生产与消费

改革开放的前十年，是中国啤酒行业的高速发展期。各地扩建和新建的啤酒厂如雨后春笋般不断涌现，今天著名的燕京啤酒即创办于 1980 年。一些省份几乎每个县市都建有啤酒厂，1987 年仅浙江省就有啤酒厂 104 家。1984 年，中国从联邦德国引进了啤酒瓶装设备制造技术，成为中国啤酒工业腾飞的催化剂和助推器。从此，中国啤酒的生产规模迅速扩大，啤酒的产量也从 1979 年的 51.58 万吨飙升至 1988 年的 662.77 万吨。

2. 1989—1998 年的啤酒生产与消费

改革开放的第二个十年，中国啤酒行业保持了较快发展的势头，啤酒生产企业借鉴国际惯例，开始向大型化、集团化方向发展。啤酒的生产开始注重质量和多样化需求，熟啤（经过杀菌处理的啤酒）、生啤（未经过杀菌处理的啤酒）、扎啤（桶装的生啤酒）

等你方唱罢我登场。肖复兴在 1995 年称："到了夏天，不管男女、不分老少，一律都喝啤酒，这两年都改喝扎啤。北京人喝啤酒，讲究抱着'扎'，驴一样豪饮，喝出北京人的气派。"（肖复兴：《北京人喝酒》，载夏晓虹、杨早编《酒人酒事》，三联书店，2012 年，第 144 页）啤酒的产量从 1989 年的 643.41 万吨上升至 1998 年的 1887.67 万吨，中国成为世界第二大啤酒生产国。

看到中国巨大的啤酒市场，1993 年开始，外资开始大规模涌入，美国百威等 50 多家海外啤酒企业在中国陆续投产。中国多数大中型啤酒生产企业被外资控股或收购。香港华润集团 1994 年进军内地啤酒市场，成立了华润雪花啤酒（中国）有限公司，生产雪花啤酒。经过几年的激烈竞争，多数洋啤酒因不适应中国特殊的国情和市场环境纷纷折戟沉沙。1999 年，外资啤酒企业纷纷退出中国市场。

3. 1999—2008 年的啤酒生产与消费

改革开放的第三个十年，中国啤酒行业竞争激烈，行业加速集中。2002 年开始，外资啤酒卷土重来。2005 年，外资加快进军中国啤酒业的步伐，丹麦嘉士伯、荷兰喜力等国际啤酒巨头通过各种形式介入中国啤酒产业，控制了中国 40％的啤酒生产。大量的中国啤酒企业被无情的市场竞争淘汰，1000 多家啤酒企业逐渐减少至 400 多家。但中国啤酒的生产总产量继续增长，从 1999 年的 2098.77 万吨上升至 2009 年的 4295.83 万千升。2002 年，中国超越美国成为世界第一大啤酒生产国。啤酒的人均消费，在 2009 年已超过 30 升，达到世界平均水平。中国啤酒的生产和消费趋于饱和，受世界经济危机的影响，到 2008 年中国啤酒产量首现低迷。

这一时期，啤酒的消费趋向高端化，2009 年高档啤酒已占中国啤酒消费总量的 20% 左右。洋品牌啤酒采取高端化的经营策略，占领了 60% 的中国高端啤酒市场。美国的百威英博雄霸东部，丹麦的嘉士伯西部称王。面对洋啤酒的挑战，青岛啤酒、燕京啤酒等生产企业不甘落后，积极采取差异化产品战略，与洋啤酒争夺高端啤酒市场。2004 年，燕京啤酒用占总产量 20% 的高端啤酒实现了 50% 的利润。中国啤酒企业，经过市场的洗礼，变得更加成熟，已初步具备了一定的国际竞争力，但与国际啤酒大公司相比，在资产、赢利能力、创新能力、国际化水平等方面仍存在着较大差距。

3. 2009 年以来的啤酒生产与消费

改革开放的第四个十年，中国啤酒行业的生产格局相对稳定。就全国而言，华润、青岛、百威、燕京、嘉士伯等品牌的啤酒畅销各地。在地方上，啤酒行业的前两名已经变得很清晰，逐渐形成了区域垄断。以啤酒产量最大的山东、河南、广东三省为例，青岛啤酒、金星啤酒、珠江啤酒分别是行业的领头羊，其他新的啤酒品牌难以进入。

啤酒生产开始由增量阶段向增质阶段发展，高端啤酒越来越受到青睐。2013 年，中国啤酒的年产量达到 5061.50 万千升，之后啤酒产量开始下滑。2017 年，中国啤酒产量为 4401.50 万千升，占全球的 1/4，稳居世界第一。

中国啤酒产量下滑的原因是多样的，党的十八大后中央对公款消费的限制，对餐饮业、尤其是高档餐饮业影响很大。中国人口老龄化也是其中的一个重要原因，啤酒消费的主力是 20 岁至 50 岁的中青年人群，近年来该年龄段的人口占比不断下降。据统计，2011—2017 年，中国 20 岁至 50 岁人口占比从 51.74% 降至 48.53%。

到 2020 年，20 岁—50 岁人口的占比降至 45.7%，人口老龄化制约了啤酒消费量的增长。更重要的原因是啤酒的消费趋于饱和，2017 年中国人均啤酒消费量 35.77 升，已经略高于世界平均水平。虽然与欧美发达国家相比，仍有一定的差距。但中国人的酒类消费传统、酒精耐受力、对醉酒的宽容度等与欧美国家显著不同。在中高档餐饮中，消费者越来越倾向于饮用白酒、葡萄酒，进一步挤压了啤酒的需求。因此，未来中国人均啤酒消费量增长有限。

　　米酒、白酒、葡萄酒和啤酒均为植物源性酒类，可以称之为"素酒"。在明代吴承恩《西游记》中多次提到"素酒"和"荤酒"，如第八十二回《姹女求阳　元神护道》中，唐僧被白毛老鼠精强逼成亲，唐僧心中暗祝道："弟子陈玄奘……今在途中，被妖精拿

表1—3　改革开放以来中国啤酒年产量（万吨/万千升）*

年份	产量	年份	产量	年份	产量	年份	产量
1979	51.58	1989	643.41	1999	2098.77	2009	4295.83
1980	68.78	1990	692.23	2000	2231.32	2010	4483.00
1981	90.95	1991	838.37	2001	2288.93	2011	4898.80
1982	117.26	1992	1020.66	2002	2402.70	2012	4902.00
1983	163.36	1993	1190.08	2003	2540.48	2013	5061.50
1984	223.96	1994	1414.66	2004	2910.05	2014	4921.85
1985	310.44	1995	1568.82	2005	3061.55	2015	4715.70
1986	413.00	1996	1681.91	2006	3543.58	2016	4506.40
1987	540.43	1997	1888.94	2007	3931.07	2017	4401.50
1988	662.77	1998	1887.67	2008	4103.09	2018	3812.20

★1979—2003年啤酒产量的单位为万吨，2004年以后啤酒产量的单位为万千升。

酒里乾坤
中华文化元素丛书

住，强逼成亲，将这一杯酒递与我吃。此酒果是素酒，弟子勉强吃了，还得见佛成功；若是荤酒，破了弟子之戒，永堕轮回之苦！"《西游记》中的"素酒"指的是米酒或葡萄酒，第八十八回《禅到玉华施法会　心猿木母授门人》称："有几瓶香糯素酒，斟出来，赛过琼浆。"第八十二回《姹女求阳　元神护道》载："他知师父平日好吃葡萄做的素酒，教吃他一钟。"

在中国古代，"荤酒"主要指在酿造米酒的过程中，添加了动物肉脂而酿成的酒，最著名者为羊羔美酒。当然，浸泡过蛇、蝎子、蚂蚁等动物的药酒，也属于"荤酒"之列。严格说来，羊羔酒和蛇酒都属于"半荤酒"，因为在酿造或浸制的过程中，既有动物源性的原料参与，也有植物性原料的参与。

纯用动物源性原料酿造的酒是"全荤酒"（或称之为"纯荤酒"），最著名者当属"马奶酒"【图1—10】。马奶酒又称"奶子酒"，在历史上又称为"马潼"。西汉和元朝时，中国拥有强大的骑兵，民间也大量养马，马奶酒在社会上曾流行一时。今天，在内蒙古大草原上，仍可品尝到香甜的内蒙古马奶酒。

图1-10　马奶酒

第二章　天之美禄：历代佳酿

夏商时期，中国只有酒类的名称，而无专门的名酒概念。用米谷酿造的浊甜酒有醴和醪，用黑黍米酿造的清酒为鬯，加入郁金香汁液的为郁鬯。西周时，酒的种类增多，有"五齐三酒"之说，"五齐"为泛齐、醴齐、盎齐、缇齐、沈齐，"三酒"为事酒、昔酒、清酒。春秋战国时期，以酿酒所加物料的名称而命名的酒类大大增多，如《左传·僖公四年》所载的"香茅酒"，屈原《楚辞·招魂》所记的"瑶浆""琼浆"，《楚辞·九歌》所记的"桂浆""椒浆"。这些酒类多产自南方的楚国，也是文献记载最早的中国地方名酒。秦汉以后，名酒迭出。有的以酒色取名，有的以产地取名，有的以人名取名，有的因酿造方法特殊而命名。

第一节　汉唐醽醁

汉唐时期是中国名酒的初步发展期，地方名酒渐渐增多。不仅经济文化发达的关中、关东（潼关以东的晋冀鲁豫等黄河中下游地区）出产名酒，经济文化逐渐发展起来的南方长江流域，甚至偏远落后的两广云贵地区，也出产名酒。

一　两汉名酒

两汉时期，地方醽醁名酒辈出，最著名者为"宜城醪"。宜城醪出自南郡宜城（今湖北宜城南），东汉经学大师郑玄在解释"泛齐"时，称："泛者，成而滓浮，泛泛然如今宜城醪矣。"（《周礼注疏》卷五，[清] 毕沅校刻：《十三经注疏》，中华书局，1980年，第668页）郑玄用汉人比较熟悉的宜城醪来解释"泛齐"，足以说明宜城醪在汉代之有名。汉魏之际曹植《酒赋》称："宜城醪醴，苍梧缥清，或秋藏冬发，或春酝夏成，或云拂潮涌，或素蚁浮萍。"（[三国] 曹植：《曹子建集》卷四）从形容"宜城醪醴"的"秋藏冬发""云拂潮涌"可知，宜城醪是一种秋冬季所酿的白浊酒。

"金浆醪"是西汉梁孝王刘武（汉文帝之子）【图2—1】在封国睢阳城（今河南商丘南）酿造的一种醪酒。东晋葛洪《西京杂

记》卷四《忘忧馆七赋》引西汉枚乘《柳
赋》云："于是樽盈缥玉之酒，爵献金浆
之醪。"有学者认为，这种金浆醪是一种
甘蔗酒（郭泮溪：《中国饮酒习俗》，陕西
人民出版社，2002 年版，第 11 页）。由
于西汉时期，河南商丘一带并不产甘蔗，
故金浆醪是甘蔗酒的可能性不大。之所以
有学者认为金浆醪是一种甘蔗酒，主要因

图2-1　西汉梁孝王刘武塑像

为《西京杂记》原注称："梁人作薯蔗酒，名金浆。""梁人"之
"梁"是指南朝的萧梁，"而非汉代之梁国。这是书经后人整理的
证据之一。"（[晋]葛洪著，周天游校注：《西京杂记》卷四，三
秦出版社，2016 年，第 180 页）这是将汉代的"金浆醪"与南朝
萧梁的甘蔗酒"金浆"相混淆的缘故。不过，西汉时期，确已有甘
蔗酒了，班固《汉书·礼乐志》载有"泰尊柘浆析朝酲"，"柘浆"
即是用甘蔗汁液酿造而成的酒。

"九酿甘醴"，又名"九酝酒""九酝春酒"，是东汉陪都南阳
出产的一种甘醪酒，张衡《南都赋》称："酒则九酝甘醴，十旬兼

图2-2　曹操像

清。醪敷径寸，浮蚁若萍。其甘不爽，醉
而不醒。""九酿"，即酿酒时分九次投
饭，以提高酒精度数。东汉末年，南阳人
郭芝到沛国谯县（今安徽亳州）任县令，
将酒方传给曹操【图 2—2】。汉献帝建安
元年（196），曹操又将酒方献给了汉献
帝。据曹操《上九酝酒奏》载："法用曲
三十斤，流水五石，腊月二日渍曲，正月

解冻；用好稻米漉去曲滓，三日一酿，满九斛米止……其上清，滓亦可饮。若以九酝苦难饮，增为十酿，差甘易饮，不病。"（［唐］欧阳询：《北堂书钞》卷一四八引）

两汉的清酒最有名者当属"苍梧缥清"，"苍梧"即今天的广西苍梧县，"缥"原指淡青色的丝织品，"缥清"说明这是一种淡青色的清酒。上文所引曹植《酒赋》形容苍梧缥清"素蚁浮萍"，浮萍的颜色正是青绿之色。苍梧缥清因"春酝夏成"，故又名"春清缥酒"。

汉代质量最高的清酒是宫廷祭祀所用的酎酒。酎酒又名"九酝"或"醇酎"，东晋葛洪《西京杂记》卷一《八月饮酎》载："汉制：宗庙八月饮酎，用九酝太牢，皇帝侍祠，以正月旦作酒，八月成。"酎酒是九次复酿的清酒，酿造时间长达 8 个月，专门用于祭祀或帝王饮用，民间罕得一见。

比较有名的清酒还有西汉武帝时期的"洪梁酒"，该酒因产于长安近郊右扶风的洪梁县而得名，东晋王嘉《拾遗记》卷五载，汉武帝宠妃李夫人去世后，汉武帝闷闷不乐，"亲侍者觉帝容色愁怨，乃进洪梁之酒，酌以文螺之卮。"

添加馨香料物酿成的香酒，在汉代也有增多的趋势，最有名者当属"百末旨酒"。班固《汉书·礼乐志》载："百末旨酒布兰生，泰尊柘浆析朝醒。"唐人颜师古注云："百末，百草华之末也。旨，美也。以百草华末杂酒，故香且美也。事见《春秋繁露》。"（［汉］班固：《汉书》卷二十二《礼乐志》，中华书局，1962 年，第 1064 页）文中的"百草华"即"百草花"，百末旨酒是采摘百花晒干，粉碎成末，加入"饭"中酿制而成的。后世又称这种酒为"兰生酒"或"百花酒"。除"百末旨酒"和前代的"桂浆"外，《汉书·

礼乐志》所载的"泰尊柘浆","旦日"(今春节)人们饮用的椒酒、柏叶酒和重阳节的菊花酒,也是当时有名的料物香酒。

除米酒外,汉代还有"麦酒"和"蒲桃酒"。"麦酒"见于范晔《后汉书·范冉传》,范冉早年与王奂亲善,王奂升任汉阳太守,"将行,冉乃与弟协步赍麦酒,于道侧设坛以待之。"考虑到范冉是一位不屑与权贵相交的特立独行之人,麦酒应该是当时下层百姓所饮之酒,并非名贵之酒。"蒲桃酒"则不然,在汉代属于名贵之酒。"蒲桃酒",即今葡萄酒。汉武帝时,张骞出使西域,西域的葡萄和葡萄酒逐渐为内地所知。汉代葡萄酒之贵,令人咂舌,《续汉书》载:"扶风孟他以蒲桃酒一斛遗张让,即以为凉州刺史。"([宋]李昉:《太平御览》卷九七二《果部九》引)文中的"孟他"是"孟佗"之误。

二 三国两晋南北朝名酒

三国两晋南北朝时期,前代已闻名天下的宜城醪和九酝春酒仍是人们喜爱的美酒。南朝萧梁刘潜写过《谢晋安王赐宜城酒启》,可知宜城醪曾作为高贵的赐品用来赏赐臣下。在北魏贾思勰《齐民要术》卷七《笨曲并酒第六十六》中,对九酝春酒的酿造方法做了详细介绍,说明九酝春酒的酿造在当时获得了一定程度的推广。这一时期,酎酒的品质也得到了较大的提高。寒冷的正月,用穄米或黍米均可酿造酎酒,到炎热的七月酎酒方熟。穄米酎酒,颜色清亮,犹如香油。酎酒的酒精度数较高,"先能饮好酒一斗者,唯禁得升半,饮三升大醉","一斗酒,醉二十人"。

三国两晋南北朝时期,北方黄河流域最驰名的酒当属"桑落酒"和"白堕春醪"。"桑落酒"原产于河东蒲坂县,因在桑树落叶的秋冬时节酿造,故有此名。北魏贾思勰《齐民要术》卷七《法

图2-3　明代佚名《月令图册》（北京故宫博物院藏），描绘陶渊明葛巾漉酒的画面

酒第六十七》载有桑落酒的酿造方法："曲末一斗，熟米二斗。其米，令精细。净淘，水清为度。用熟水一斗，限三酘便止。渍曲。候曲向发，便酘，不得失时。"从酿造方法上看，桑落酒的用曲比例较高，需三次投料酿造。【图2—3】

　　"白堕春醪"亦原产于河东，后流传到洛阳。北魏时，朝中权贵竞相以白坠春醪作为礼物相互馈送。到地方任职时，也不忘携带些白堕春醪。北魏杨衒之《洛阳伽蓝记》卷四《城西》载："河东人刘白堕善能酿酒。季夏六月，时暑赫晞，以罂贮酒，暴于日中，经一旬，其酒味不动。饮之香美，醉而经月不醒。京师朝贵多出郡登藩，远相饷馈，逾于千里。以其远至，号曰'鹤觞'，亦名'骑驴酒'。永熙年中南青州刺史毛鸿宾赍酒之藩，路逢盗贼，饮之即醉，皆被擒获，因此复名'擒奸酒'。游侠语曰：'不畏张弓拔刀，唯畏白堕春醪。'"

　　贾思勰《齐民要术》卷七《笨曲并酒第六十六》记载，北方比

较有名的酒还有白醪酒、秦州（今甘肃天水）春酒、河东白酒、酴酒、粱米酒、粟米酒、粟米炉酒、浸药酒、胡椒酒、冬米明酒、夏米明酒、朗陵（今河南确山）何公夏封清酒、愈疟酒、醽酒、和酒、夏鸡鸣酒、櫾酒、柯柂酒、黍米法酒、当梁法酒、秔米法酒、三九法酒。其中，酴酒源于四川，醽酒仿于湖南衡阳的醽醁酒，胡椒酒、和酒、櫾酒均是添加了植物料物的香酒，胡椒酒、和酒的酿造可能受到北方少数民族荜拨酒的影响；浸药酒是一种专门用于浸泡五加皮等药材的酒，愈疟酒用于治疗疟疾。粟米酒唯正月酿造，不得见光，28日即熟，其酒气味香美，成本低廉，"贫薄之家，所宜用之"；粱米酒四季皆可酿造，赤粱、白粱酿出的酒最好，"酒色漂漂，与银光一体。姜辛，桂辣，蜜甜，胆苦，悉在其中。芬芳酷烈，轻隽道爽，超然独异，非黍秋之俦也。"

南方长江流域新兴的名酒有醽醁酒、女儿酒和山阴甜酒。醽醁酒，又名"醽酒"，原产于湖南衡阳，后来行销于全国。南朝刘宋郭仲产《湘州记》载："衡阳县东南有醽湖，土人取此水以酿酒，其味醇美，所谓醽酒。每年尝献之。晋平吴，始荐醽酒于太庙是也。"（[宋]李昉等：《太平御览》卷八四五《饮食部三》引）

女儿酒，又名"女酒"，原产于岭南地区。西晋嵇含《南方草木状》卷上载："南人有女数岁，即大酿酒。即漉，候冬陂池竭时，实酒罂中，密固其上。瘗陂中，至春，潴水满，亦不复发矣。女将嫁，乃发陂取酒，以供贺客。谓之女酒，其味绝美。"在贵州的苗族人家，今天仍可见到这种酿酒方法。浙江绍兴、江苏溧阳等地所产的"女儿红""状元红"，其酿造储藏方式与魏晋"女儿酒"相仿。

山阴甜酒，产于会稽山阴（今浙江绍兴）。北齐颜子推《颜氏

图2-4　明代黄宸《曲水流觞》（北京故宫博物院藏）局部，右下角王羲之正在撰写《兰亭序》

家训·勉学》载，南朝梁元帝萧绎，"昔在会稽，年始十二，便已好学。时又患疥，手不得拳，膝不得屈。闲斋张葛帏避蝇独坐，银瓯贮山阴甜酒，时复进之，以自宽痛。"【图2—4】

后世"旦日"（春节）饮用的屠苏酒，这一时期在南方也已经出现了。南朝萧梁宗懔《荆楚岁时记》载："正月一日……进屠苏酒、胶牙饧。"

三　隋唐五代名酒

隋唐五代时期，名酒众多。唐代李肇《唐国史补》卷下《叙酒名著者》载："酒则有郢州之富水，乌程之若下，荥阳之土窟春，富平之石冻春，剑南之烧春，河东之乾和葡萄，岭南之灵谿、博罗，宜城之九酝，浔阳之湓水，京城之西市腔、虾蟆陵郎官清、阿婆清。又有三勒浆类酒，法出波斯。三勒者谓庵摩勒、毗梨勒、诃

梨勒。"以上酒类，除"宜城九酝"外，皆唐代新出现的名酒。"乾和葡萄"为葡萄酒，"三勒浆"为果酒，其他12种名酒均为米酒。

从地域分布上看，李肇《唐国史补》所载的14种名酒，属于北方黄河流域的名酒6种：荥阳（今河南荥阳）之土窟春，富平（今陕西富平东北）之石冻春，河东（今山西永济）之乾和葡萄，京城（今陕西西安）之西市腔，虾蟆陵（今陕西西安东南）之郎官清、阿婆清；属于南方长江流域的名酒5种：郢州（今湖北钟祥）之富水、乌程（今浙江吴兴）之若下、剑南（今四种成都）之烧春、宜城（今湖北宜城南）之九酝、浔阳（今江西九江）之湓水；属于岭南珠江流域的名酒2种：岭南（今广东广州）之灵谿、博罗；源于国外的名酒1种：波斯（今伊朗）之三勒浆。

李肇《唐国史补》所列的14种名酒，远远不能概括唐代名酒的全貌。桑落酒、酴醾酒、缥醪酒、白醪酒、醹酥酒、九酝春酒等前代名酒仍受到人们的广泛喜爱。如郎士元《寄李袁州桑落酒》云："色比琼浆犹嫩，香同甘露仍春。十千提携一斗，远送潇湘故人。"说明桑落酒在唐代仍为时人所重。贾思勰《齐民要术》卷七《笨曲并酒第六十六》所载的酴酒，在唐代多称为"酴醾酒"。李绰《辇下岁时记》载："新进士则于月灯阁置打球之宴，或赐宰臣以下酴醾酒，即重酿酒也。"缥醪酒即魏晋之际大名鼎鼎的"苍梧缥清"。

唐代新兴的著名米酒有新丰酒、兰陵酒、金陵酒、广陵酒、武陵酒、梨花酒、五酘酒、含春王、曲米春、甘露经、五云浆、凝露浆、桂花醑等。

新丰酒，出自唐代长安新丰镇，王维《少年行》云："新丰美酒斗十千，咸阳游侠多少年。相逢意气为君饮，系马高楼垂柳边。"
李贺《恼公》云："吹笙翻旧引，沽酒待新丰。"

兰陵酒，又名"兰陵春"，产于山东兰陵。李白《客中作》云：
"兰陵美酒郁金香，玉碗盛来琥珀光。但使主人能醉客，不知何处
是他乡！"明代李时珍认为，兰陵酒是浙江东阳酒（金华酒）的前
身([明] 李时珍：《本草纲目》卷二五《酒》)。

金陵酒，又名"金陵春"，产于江苏南京。李白《寄韦南陵冰
余江上乘兴访之遇寻颜尚书笑有此赠》云："堂上三千珠履客，瓮
中百斛金陵春。"

广陵酒，产于江苏扬州。李白《广陵赠别》云："玉瓶沽美
酒，数里送君还。系马垂杨下，衔杯大道间。"

武陵酒，产于朗州武陵（今湖南常德）崔家酒店。张白《赠酒
店崔氏》云："武陵城里崔家酒，地上应无天上有。南游道士饮一
斗，卧向白云深洞口。"

梨花酒，又名"梨花春"，产于浙江杭州。白居易《杭州春望》
诗云："红袖织绫夸柿蒂，青旗沽酒趁梨花。"自注称："其俗，
酿酒趁梨花时熟，号为'梨花春'。"

五酘酒，又名"春竹叶"，产于吴郡（今江苏苏州），白居易
《谢李苏州寄五酘酒》云："倾如竹叶盈樽绿，饮作桃花上面红。"
白居易《忆江南》云："江南忆，其次忆吴宫，吴酒一杯春竹叶，
吴娃双舞醉芙蓉，早晚复相逢。"

含春王，产于京师长安，宋代陶榖《清异录》卷下《酒浆门》
载："唐末，冯翊城外酒家门额书云：'飞空却回顾，谢此含春
王。'于'王'字末大书'酒也'，字体散逸，非世俗书。"

曲米春，产于夔州云安（今四川云阳）。杜甫《拨闷》云：

"闻道云安曲米春，才倾一盏即醺人。"

甘露经，汝阳王李琎（唐玄宗侄儿）家所酿，宋代陶穀《清异录》卷下《酒浆门》载："汝阳王琎家有酒，法号甘露经。四方风俗，诸家材料，莫不备具。"

五云浆，刘禹锡《和令狐相公谢太原李侍中寄蒲桃》云："酝成十日酒，味敌五云浆。"

凝露浆、桂花醑，皆唐代宫廷御酒，苏鹗《杜阳杂编》卷下载："上每赐御馔汤物……其酒有凝露浆、桂花醑。"

另，五代有酒名"林虑浆"，据陶穀《清异录》卷下《酒浆门》载："后唐时，高丽遣其广评侍郎韩申一来。申一通书史，临回召对便殿，出新贡林虑浆面赐之。"

隋唐五代的果酒，除葡萄酒外，还出现了石榴酒，乔知之《倡女行》云："石榴酒，葡萄浆，兰桂芳，茱萸香。愿君驻金鞍，暂此共年芳。"除三勒浆外，还从域外引进槟榔酒、龙膏酒、椰花酒等果酒。其中，槟榔酒来自林邑（今越南中南部），龙膏酒来自乌戈山离国（今阿富汗南部的坎大哈，一说阿拉霍西亚西部的亚历山大城，一说阿富汗西北部的赫拉特），椰花酒来自诃陵国（今印度尼西亚的爪哇）。

在节日酒方面，除前代的屠苏酒、椒柏酒、菊花酒外，这一时期还出现了茱萸酒，孙思邈《千金月令》载："重阳之日，酒必采茱萸、甘菊以泛之，既醉而还。"前引乔知之《倡女行》中的"茱萸香"也明显是指茱萸酒，可见唐人不仅重阳节饮用茱萸酒，平时也喜欢饮用这种馨香美酒。

隋唐五代，道教兴盛，流行养生，人们认为松膏、松叶、松花有利于长寿，酿造出各种松醪酒（松膏酒、松叶酒、松花酒等，唐人总称之为"松醪春"）。湖南长沙一带是唐代松醪酒的重要产地，戎昱《送张秀才之长沙》云："君向长沙去，长沙仆旧谙……松醪能醉客，慎勿滞湘潭。"唐代新出现的养生酒还有五精酒、白术酒和枸杞酒等（[唐]孙思邈：《千金翼方》卷十三《辟谷》）。

隋唐五代，医学发达，药酒众多。仅孙思邈《千金翼方》卷十六《中风上》所记治疗中风的药酒就有独活酒、牛膝酒、茵芋酒、金牙酒、马灌酒、芫青酒、蛮夷酒、鲁公酒、附子酒、紫石酒、丹参酒、杜仲酒、枳茹酒、菊花酒、麻子酒、黄芪酒、地黄酒等。隋唐五代新出现的药酒还有蛇酒、虎骨酒、猪膏酒、猪苦胆酒、狗肉酒、豉酒等。

第二节　宋元玉液

宋元时期，坊市制度崩溃，城市经济呈现一片繁荣景象。宋元统治者多采取本末并重的政策，商品经济十分活跃，各地酿酒、酒肆业发达，名酒数量空前增多。酒瓶的发明及大量使用，也使更多的地方酒走出区域一隅，成为全国知名的佳酿，这也是宋元名酒众多的一个重要原因。

一　两宋名酒

按生产者主体不同，两宋名酒可分为宫廷酒、地方官府酒、民间市肆酒和民间家酿酒四类。

1.宫廷酒

宋代宫廷网罗了全国各地技术高超的酿酒师，使之能够吸收各地酿酒技术的精华，加之酿酒不计成本，故酒的质量最高。宋代宫廷负责酿酒的机构是法酒库和内酒坊，所酿之酒分别称为"法酒"和"内酒"。法酒库负责供进、祭祀和给赐用酒，内酒坊所生产的酒专供皇族饮用，因其酒坛要用黄绸封盖，故又称"黄封酒"。宋朝皇帝为显示皇恩浩荡，也常将黄封酒赐予臣下，以示优奖。臣子们也以得到皇帝的黄封酒赏赐而倍感荣耀。

黄封酒主要采用山西"蒲中酒"的酿造技术，有多种名称，如苏合香酒、鹿头酒、蔷薇露、流香、宣赐碧香、思堂春、凤泉、玉练槌、有美堂、中和堂、雪醅、真珠泉、皇都春、常酒、和酒、长春法酒等。其中，苏合香酒是北宋宫廷的御用药酒，鹿头酒是宫廷宴饮结束时所上之酒，蔷薇露和流香是南宋宫廷的御用酒，思堂春是南宋"三省激赏"（中央各部门宴饮）专用酒，凤泉是南宋殿司专用酒，玉练槌是南宋祭祀专用酒，皇都春、常酒、和酒在南宋时用于外售。长春法酒是用30多种名贵中药采用冷浸法配制而成的药酒，该酒采用的是宋理宗景定元年（1260）贾秋壑贡献的酿法。

2. 地方官府酒

宋代地方官酿作坊，宋人称为"官库""公库""公使库"，所生产的官酒亦称"官库酒""公库酒""兵厨酒"。张能臣《酒名记》载，北宋地方官府名酒有150多种，具体名称如下：

河南名酒：开封的瑶泉，洛阳的玉液、醽醁香，商丘的桂香、北库，郑州的金泉，许昌的瀵泉，安阳的银光，滑县的风曲、冰堂，卫辉的栢泉，三门峡的蒙泉，濮阳的中和堂，沁阳的宜城、香桂，临汝的拣米，汝南的银光、香桂，邓州的香泉、寒泉、香菊、甘露，唐河的淮源、泌泉。

河北名酒：大名的香桂、法酒，正定的银光，河间的金波、玉酝，文安的知训堂、杏仁，定州的中山堂、九酝，保定的巡边、银条、错着水，邢台的沙醅、金波，清河的拣米、细酒，永年的玉瑞堂、夷白堂、玉友，深州的玉醅，磁县的风曲、法酒，赵县的瑶波，定县的瓜曲、错着水。

山东名酒：济南的舜泉、近泉、清燕堂、真珠泉，兖州的莲花清，菏泽的银光、三酘、白羊、荷花，德州的碧琳，滨州的石门、

宜城，聊城的宜城、莲花，潍坊的重酝，惠民的延相堂，益都的拣米，东平的风曲、白佛泉、香桂，蓬莱的朝霞，掖县的玉液，巨野的宜城，鄄城的宜城、细波，单县的宜城、杏仁。

山西名酒：太原的玉液、静制堂，汾阳的甘露堂，永济的天禄、舜泉，隰县的琼浆，代县的金波、琼酥。

陕西名酒：凤翔的橐泉，华县的莲花、冰堂、上尊，彬县的静照堂、玉泉，大荔的清洛、清心堂，安康的清虚堂。

甘肃名酒：庆阳的江汉堂、瑶泉。

四川名酒：成都的忠臣堂、玉髓、锦江春、浣花堂，南充的香桂、银液，阆中的仙醇，奉节的法醯、法酝，三台的琼波、竹叶清，剑阁的东溪，广汉的帘泉，合川的金波、长春，渠县的葡萄。

浙江名酒：杭州的竹叶清、碧香、白酒，宁波的金波，绍兴的蓬莱，吴兴的碧兰堂、雪溪，嘉兴的月波，丽水的谷帘。

江苏名酒：南京的芙蓉、百桃义、清心堂，苏州的木兰堂、白云泉，扬州的百桃，镇江的蒜山堂，徐州的寿泉。

湖北名酒：江陵的金莲堂，襄樊的金沙、宜城、檀溪、竹叶清，宜昌重麋、至喜泉，钟祥的汉泉、香桂，秭归的瑶光、香桂，随县的白云楼，房县的琼酥，郧县的仙醇。

湖南名酒：常德的白玉泉，沅陵的法酒。

安徽名酒：合肥的金城、金斗城、杏仁，阜阳的银条、风曲，宣城的琳腴、双溪。

江西名酒：南昌的双泉、金波。

福建名酒：泉州的竹叶。

广东名酒：广州的十八仙，韶关的换骨、玉泉。

其他地方的名酒以"岁寒堂"品质最佳。陆游《老学庵笔记》

卷二则认为，滑州（今河南滑县）冰堂酒为天下第一。

据宋代其他文献记载，北宋的地方名酒还有湖南长德的武陵桃源酒、四川古蔺的风曲酒、广西桂林的瑞露酒、广东惠州的梅酝酒和南方水上船户的蜒酒等。

南宋周密《武林旧事》卷六《诸色酒名》记载了南宋财粮军政机构及江浙地方的一些名酒，具体名称如下：

机构名酒："浙江仓"的爱咨堂，"浙西仓"的皇华堂，"东总"（东总领所，负责兵粮财赋等军需）的爱山堂、得江，"西总"的海岳春，"江东漕"（负责漕运）的筹思堂，"江阃"（负责江防）的留都春、静治堂，"海阃"（负责海防）的十洲春、玉醅。

浙江名酒：杭州的和酒，绍兴的蓬莱春，湖州的六客堂，温州的清心堂、丰和春、蒙泉，嘉兴的清若空，金华的错认水，兰溪的縠溪春，衢州的思政堂、龟峰，建德的萧酒泉。

江苏名酒：南京的秦淮春、银光，苏州的齐云清露、双瑞，扬州的琼花露，镇江的第一江山、北府兵厨、锦波春、浮玉春，常州的金半泉。

3. 民间市肆酒

宋代酒肆业发达，有上等佳酿，是当时民间酒肆吸引酒徒的重要条件。宋代的著名酒肆多酿有美酒佳酿，北宋末年京师开封有名的市肆酒有：丰乐楼眉寿、和旨，忻乐楼仙醪，和乐楼琼浆，遇仙楼玉液，玉楼玉酝，铁薛楼瑶醲，仁和楼琼浆，高阳店流霞、清风、玉髓，会仙楼玉醑，八仙楼仙醪，时楼碧光，潘楼琼液，千春楼仙醪，中山园子正店千日春，银王店延寿，蛮王园子正店玉浆，朱宅园子正店瑶光，邵宅园子正店法清、大桶，张宅园子正店仙醇，方宅园子正店琼酥，姜宅园子正店羊羔，梁宅园子正店美禄，

图2-5　《清明上河图》中的正店

郭小齐园子正店琼液，杨皇后园子正店法清【图 2—5】。

4. 民间家酿酒

宋代时，政府允许达官贵戚自行酿酒。达官贵人之家酿酒时往往不计成本，足曲足料，加之酿造技术较高，所酿之酒酒质一般较高，故宋代出现了一大批负有盛名的家酿酒。

据张能臣《酒名记》所记，北宋末年名噪京师的家酿酒有：后妃家酒：高太后香泉，向太后天醇，张温成皇后醽醁，朱太妃琼酥，刘明达皇后瑶池，郑皇后坤仪，曹太后瀛玉；宰相家酒：蔡太师庆会，王太傅膏露，何太宰亲贤；亲王家酒：郓王琼腴，肃王兰芷，五王位椿龄，嘉王琬醑，濮安懿王重酝，建安郡王玉沥；戚里家酒：李和文驸马献卿、金波，王晋卿碧香，张驸马敦礼、醽醁，曹驸马诗字、公雅、成春，郭驸马献卿、香琼，大王驸马瑶琼，钱驸马清醇；内臣家酒：童贯宣抚褒功，又光忠，梁开府嘉义，杨开府美诚等。

南宋的家酿酒喜欢以"某某堂"来命名，据周密《武林旧事》卷六《诸色酒名》载，南宋临安（今浙江杭州）的家酿名酒有：庆元堂（秀邸），清白堂（杨府），蓝桥风月（吴府），紫金泉（杨郡王府），庆华堂（杨驸马府），元勋堂（张府），眉寿堂、万象皆春（并荣府），济美堂、胜茶（并谢府）。

宋代文人士大夫也积极参与酿酒活动，不少人对此倾注心血，酿造出闻名一时的上乘家酿，如北宋苏轼自酿的蜜酒、真一酒、天门冬酒、万家春、罗浮春，荆州士人田子改良的绿豆酒"醇碧"，金陵（今江苏南京）幸思顺酿造的"幸秀才酒"，刘挚自酿的天苏酒，南宋杨万里自酿的桂子香、清无底、金盘露、椒花雨等酒。

二　辽金名酒

两宋先后与辽、金南北对峙，辽、金两朝亦有名酒传世。

1.辽代名酒

辽朝的建立者为契丹人，酒与契丹的历史相伴相随，宋人叶隆礼《契丹国志》卷二十三《国土风俗》载，契丹人父母死后三年，要对着尸体"酌酒而祝"，祝愿自己射猎多获猪鹿。在唐初成书的《隋书·契丹传》里亦有类似的记载。建国之前，契丹别分八部，耶律阿保机利用酒会盐池之机，尽杀诸部大人，建立辽朝。

辽代建立后，随着酿酒业的进一步发展，辽代政府设立曲院、商务曲务都监等专门机构管理酿酒。辽代的酿酒分官酿和私酿两大系统，其中官酿酒以皇宫所酿为佳。每逢南宋皇帝生日，作为兄弟之国的契丹都要派使节赠送贺礼，其中有"法渍法曲面曲酒二十壶"（[宋]叶隆礼：《契丹国志》卷二十一《契丹贺宋朝生日礼

物》）。此酒若非佳酿，契丹人自然不会以国礼相赠给大宋皇帝。辽代的私酿酒中，以燕京（今北京）所酿的金酒（亦称"金澜酒"）为最佳。

辽亡后，耶律大石率部西行，在包括今天新疆在内的广大"西域"地区建立"西辽"。西辽境内，盛产葡萄，人们"酿葡萄为酒"（[金] 刘祁：《归潜志》卷一三《北使记》）。

2. 金代名酒

女真人性"嗜酒"（[宋] 宇文懋昭：《大金国志》卷三九《饮食》）。金代立国之前，女真人即能用粮食酿酒。五代后期身陷契丹七年的胡峤，在《陷北记》（亦名《陷虏记》）中称："又东，女真……能酿糜为酒。"

由于酿酒技术落后，女真人所酿之酒多非佳酿。大定二十六年（1186），金世宗曾言："朕顷在上京，酒味不嘉。朕欲如中都曲院取课，庶使民得美酒。"（《金史·食货志四》）连皇帝在上京所饮的御酒都是如此，民间所酿可想而知。

幽云十六州和原北宋所辖"四京"、北方诸路酿酒的基础较好。"幽州"的治所燕京，金代改称"中都"。中都名酒为时人所赞誉，金人王启《王右辖许送名酒久而不到以诗戏之》云："燕酒名高四海传，兵厨许送已经年。青看竹叶应犹浅，红比榴花恐更鲜。枕上未消司马渴，车前空堕汝阳涎。不如便约开东阁，一看长鲸吸百川。"

在"燕酒"中，辽代已负盛名的金澜酒（金酒），在金代继续享有盛誉。宋高宗绍兴二十九年、三十年，两次出使金国的周麟之，在燕京会同馆时，馆伴使馈送他两瓶金澜酒，他赋《金澜酒》一诗，云："生平饮血狐兔场，酿糜为酒毡为裳。犹存故事设茶食，金刚大镯胡麻香。五辛盈柈雁粉黑，岂解玉食罗云浆？……或言此酒名金澜，金数数尽天意阑。"宋孝宗淳熙三年（1176），出使金国的周辉在所著《北辕录》中称："燕山酒固佳，是日所饷，极为醇厚，名金澜，盖用金雨水以酿之也。"

北宋所辖"四京"及北方诸路拥有众多名酒，入金之后当保留有部分名酒。金章宗【图2—6】所作御诗中，屡次提到中原地区的名酒，《翰林待制朱澜侍夜饮》云："三杯淡醲醁，一曲冷琵琶。"《生查子·软金杯》词云："风流紫府郎，痛饮乌纱岸。柔软九回肠，冷却玻璃碗。纤纤白玉葱，分破黄金弹。借得洞庭春，飞上桃花面。"（[金]刘祁：《归潜志》卷一）醲醁酒是前代名酒，自不必言。"洞庭春"即"洞庭春色"，是北宋安定郡王所酿黄柑酒，苏轼曾写有《洞庭春色赋》，其序称："安定郡王以黄柑酿酒，名之曰'洞庭春色'。其犹子德麟得之以饷予，戏作赋。"金章宗令宫妃擘橙为杯，称之为"软金杯"。柑、橙为同一类水果，故金章宗在《软金杯词》中称"借得洞庭春"。

图2-6　金章宗跋《李白上阳台帖》

金人统治下的中原地区，亦有新出名酒问世。周辉《北辕录》载，他随"贺金国生辰使"出使金国，途经相州（今河南安阳）时，"阛阓繁盛，观者如堵。二楼曰康乐，曰月白风清。又二楼曰

翠楼、秦楼，时方卖酒其上，牌书'十洲春色'，酒名也。"张能臣《酒名记》载，北宋相州名酒为"银光"，并无"十洲春色"。周密《武林旧事》卷六《诸色酒名》列有"十洲春"，属"海阔"所酿。金代相州的"十洲春色"，与南宋临安的"十洲春"可能是同一种酒，其酿造方法由南宋临安传播到北方，也有可能是金代相州的新出之酒。

与宋代士大夫一样，金代文人也有自酿家酒者，如刘祁《归潜志》卷五载："冯内翰璧，字叔献，真定人……致仕归，于嵩山结茅玉峰下，自号松庵，徜徉泉石间。酿酒名'松醪'，味胜京师。"

三　元代名酒

元代是蒙古族建立的统一大帝国，疆域极其辽阔，这一时期南北酒文化、胡汉酒文化、中外酒文化融合空前频繁。蒙元统治者引进了西方蒸馏酒的制作技术，提高了西域葡萄酒的地位，重视本民族马奶酒的饮用传统，加之宋金传统米酒的继续发展，使元代名酒呈现日益增多的趋势。

1. 元代宫廷名酒

在元代立国之前，蒙古大汗宫廷中经常提供四种酒：马奶酒、葡萄酒、米酒、蜜酒。13 世纪中期到达蒙古的欧洲教士鲁不鲁乞初见蒙哥汗时，蒙哥汗令人询问他："喜欢喝葡萄酒呢，还是米酒（terracina），还是哈刺忽米思，还是蜂蜜酒（bal）？"（［英］道林编，吕浦译，周良霄注：《出使蒙古记》，中国社会科学出版社，1983 年，第 172 页）在蒙哥汗哈刺和林的宫殿里，鲁不鲁乞看到一棵大银树，有四根管子直通到树顶上，管子的末端向下弯曲，四根管子里可以流出葡萄酒、哈刺忽米思、蜂蜜酒和米酒。

鲁不鲁乞是以西方人的眼光来观察蒙古宫廷中的四种酒的。实际上，对蒙古人而言，第一重要的酒应该是"哈剌忽米思"，即澄清了的马奶（[英] 道林编，吕浦译，周良霄注：《出使蒙古记》，中国社会科学出版社，1983 年，第 194 页）。这种"澄清了的马奶"，又称"细乳"（亦称"黑马潼""黑马乳""黑马奶"，蒙古语称"哈剌赤"）。元朝政府设太仆寺，"日酿黑马乳以奉玉食，谓之细乳"（《元史·兵志三》）。可见，"细乳"是专供蒙古皇宫饮用的。与"细乳"对应的是"粗乳"，粗乳又称"白马潼""白马乳""白马奶"，供诸王百官以下人等饮用。黑马奶酒在元代宫廷中居重要地位，除饮用外，凡重大节庆和仪式都离不开它。过量饮用马奶酒可致病，如元世祖忽必烈"过饮马潼，得足疾"（《元史·许国桢传》）。在元代太医忽思慧所著《饮膳正要》中，没有收录蒙古王公经常饮用的马奶酒正是这个原因。

　　葡萄酒是蒙古宫廷第二重要的酒类。元代建立前，成吉思汗及其子孙三次西征，控制了盛产葡萄酒的新疆及中亚地区，蒙古王公很快便喜欢上了这种酒。"忽必烈建立元朝以后，葡萄酒与马奶酒并列为宫廷的主要用酒。"（徐海荣：《中国饮食史》卷四，华夏出版社，1999 年，第 735 页）葡萄酒的营养价值很高，忽思慧《饮膳正要》卷三《米谷品》称："葡萄酒，益气调中，耐饥强志。酒有数等，有西番者，有哈剌火者，有平阳太原者，其味都不及哈剌火者。田地酒最佳。""西番者"即中亚所产葡萄酒，"哈剌火者"即新疆吐鲁番所产葡萄酒，"平阳太原者"即山西平阳、太原两地所产葡萄酒。

　　米酒在蒙古宫廷中也很重要，忽思慧《饮膳正要》卷三《米谷品》中的"小黄米酒""羊羔酒"即是传统的米酒。在《饮膳正要》卷二《食疗诸病》和卷三《米谷品》中，还收录了元代宫廷用于养

生食疗的药酒，如鹿角酒、醍醐酒、乌鸡酒、虎骨酒、枸杞酒、地黄酒、松节酒、茯苓酒、五加皮酒、腽肭脐酒等，这些酒的制作方法或酿，或浸，或混，或煮，均属于传统的米酒。

蜜酒在宋代已经出现，虽然西方传教士鲁不鲁乞提到蒙古宫廷中饮用蜜蜂酒，但在忽思慧《饮膳正要》中并无蜜酒的记载。元代民间类书《居家必用事类全集》己集《饮食类》中的"蜜酿透瓶香"确是一种蜜酒。但考虑到元代的蜂蜜产量有限，像马奶酒、葡萄酒和米酒那样，酿造大量蜜酒以供饮用是难以想象的。元代建立后，蜜酒可能已退出宫廷主要用酒的行列。

元代宫廷还饮用新兴的蒸馏酒，忽思慧《饮膳正要》卷三《米谷品》载有"阿剌吉酒"，称："味甘辣，大热，有大毒。主消冷坚积，去寒气。用好酒蒸熬，取露成阿剌吉。"这种"阿剌吉酒"即新兴的蒸馏酒，它是用其他"好酒"直接蒸馏而成的。在忽思慧《饮膳正要》卷三《米谷品》中，在"阿剌吉酒"之后还列有一种"速儿麻酒"，这种酒又名"拨糟"，"味微甘辣。主益气，止渴。多饮令人膨胀、生痰"。从"拨糟"之名，酒味甘辣，多饮生痰和列在"阿剌吉酒"之后等因素来推测，这种酒应是蒸馏发酵酒糟而成的酒，即后世的"烧酒"（白酒）。

2. 元代民间名酒

元代民间的名酒仍多是传统的米酒，新兴的蒸馏烧酒也开始进入民间。元代类书《居家必用事类全集》己集《饮食类》"诸酒"条中，列有东阳酒、长春法酒、黄耆酒、神仙酒、天门冬酒、枸杞五加皮三骰酒、天台红酒、鸡鸣酒、满殿香酒、蜜酿透瓶香、羊羔酒、菊花酒、酸酒好酒、南番烧酒、白酒。其中，东阳酒即浙江金华酒，长春法酒、黄耆酒、神仙酒、天门冬酒、枸杞五加皮三骰酒、满殿香酒、菊花酒均为传统的养生药酒，天台红酒是用红曲酿造的糯米酒，白酒是用白曲酿造的糯米酒，鸡鸣酒是用曲糵一夜酿成的醪糟酒，羊羔酒是添加有羊肉、鹅梨、川芎等酿制的糯米酒，酸酒好酒是用官桂、陈皮等香料处理后的酸败之酒，南番烧酒即"阿剌吉酒"，是用其他酒类蒸馏而成的。从"南番"两字推测，蒸馏酒技术极有可能是经海路从阿拉伯人那里传入的。

新兴的蒸馏酒，由于酒精度数较高，受到了人们的广泛欢迎，用蒸馏烧酒馈赠亲友成为元代民间的一种新时尚，朱德润《存复斋文集》卷三《轧赖机赋》称："当今之盛礼，莫盛于轧赖机。"文中的"轧赖机"即"阿剌吉"。

元代的汉族文人，沿袭宋金传统，仍有自酿美酒的，如倪瓒《云林堂饮食制度集》所记的"郑公酒法"。邱庞同认为："'郑公'疑当作'郭公'，现在还有郭公酒出售。"（[元] 倪瓒撰，邱庞同注释：《云林堂饮食制度集》，中国商业出版社，1984年，第19页）

第三节　明清琼浆

明清两代的名酒，多为传统的黄酒（米酒），新兴的白酒（烧酒）开始崭露头角。在明代，全国著名的黄酒，南北均有。至清代时，北方的著名黄酒明显减少，南方的著名黄酒依然粲若群星，浙江绍兴的黄酒尤为闻名。全国著名的白酒，在明代尚属凤毛麟角，清代开始明显增多。明清两代的著名白酒，几乎均产自北方，山西汾酒尤其闻名。

一　明代名酒

明代王世贞《弇州山人四部稿》卷四九《酒品前后二十绝》对当时的 20 种名酒进行吟咏，这 20 种名酒为：内法酒、桑落酒、襄陵酒、羊羔酒、蒲州酒、太原酒、潞州鲜红酒、苏州薏苡仁酒、秋露白、章丘酒、金盘露、金华酒、高邮五加皮酒、淮安酒、成都刺麻酒、麻姑酒、池州酒、荡口酒、顾氏三白酒、靠壁清白酒。

内法酒：传统黄酒，产于京师，为皇宫大内所酿，是明代规格最高的国宴用酒。王公贵族、高官显宦或有机会一尝斯味，普通百姓则难得一见。内法酒地位虽高，品质却非最佳。此酒虽也清美甘冽，但平和不足，饮后令人浑身发热，一旦醉酒，口渴难耐，极为难受。

桑落酒：传统黄酒，产于关中地区。桑落酒历史悠久，颜色洁白鲜亮，味道香甜柔腻，饮后舌口生甘，但不可多饮。

襄陵酒：传统黄酒，产于平阳襄陵县（今山西襄汾西北之襄陵镇）。襄陵酒颜色黄白，普通的襄陵酒多过于甜腻，上佳的襄陵酒透亮白净，绝无甜味，味道极美。

羊羔酒：传统黄酒，产于山西汾州孝义等县。羊羔酒用嫩肥羊肉和酒曲、糯米、杏仁酿成，可"大补元气"，具有"健脾胃，益腰肾"的功效（[明] 李时珍：《本草纲目》卷二十五《酒》）。羊羔酒晶莹清亮，犹如凝冰。在口味上，极为甘滑，远胜襄陵酒，美中不足的是稍有一股羊肉的膻味。

蒲州酒：传统黄酒，产于山西蒲州（今山西永济西南）。蒲州酒清美甘洌，可媲美汾州的羊羔酒，又没有羊羔酒的膻味，在酒质上远胜于桑落酒和襄陵酒。由于蒲州偏远，故蒲州酒流传不广，颇不易得。

太原酒：传统黄酒，产于山西太原。太原酒清美醇香，酒质上佳，美中不足的是酒精度数不高。饮用此酒，只能略尝酒味，难以尽兴。若将新酿的太原酒与汾州的羊羔酒对半相掺，则清美异常，盛以水晶杯，酒与杯相融，恍若无物。

潞州鲜红酒：新兴烧酒，又称"珍珠红"，产于山西潞州（今山西长治），用当地的葡萄酿造蒸馏而成，酒价较高。由于系烧酒，潞州鲜红酒的酒精度数较高。喝潞州鲜红酒，刚入口时，感觉酒味甚好，随着辛辣之味弥漫开来，马上感到咽喉中有一股刺痛感。有人说，潞州鲜红酒不是新兴的烧酒，而是用古葡萄酒遗法酿造而成的。

苏州薏苡仁酒：传统药酒，产于江苏苏州。薏苡仁酒有"去风湿，强筋骨，健脾胃"的功效（[明] 李时珍：《本草纲目》卷二十五《酒》）。明代的薏苡仁酒有两种制法，一是用薏苡仁粉和酒曲、糯米一起酿成黄酒；二是将薏苡仁装入纱囊，浸入黄酒之中，饮用时需加热。苏州薏苡仁酒系酿造而成，以周氏所酿的为佳，成氏所酿的次之。三屯营帅司酿造的清冽秀美，可谓色香味三绝。

秋露白：新兴烧酒，产于山东济南，为山东布政使司所酿。秋露白酒精度数较高，酒色洁白，性热味甜，并非佳酿。布政使司后来改良了秋露白的酿造工艺，但酿造终不得法。德府王亲薛生，采用莲花之露酿造，其酒清芬隽永，是不可多得的佳酿。河南的开封亦有"秋露白"，明人周亮工《书影》称："汴中以中牟之梨花春为第一……视汴之秋露白，不止有仙凡隔。"

章丘酒：传统黄酒，产于山东章丘。章丘酒清味隽永，实为地方佳酿，可惜世人少知，谢少溪侍郎家所酿尤佳。

金盘露：传统黄酒，产于浙江处州（今浙江丽水）。酿造金盘露的酒曲中，添加有姜汁。宋诩《宋氏养生部》卷一《酒制》记载了其制法。在诸南酒之中，以金盘露为佳，酒味稍甜，逊于浙江的东阳酒。如果能够消除甜味，当绝世无双。【图2—7】

金华酒：传统黄酒，产于浙江金华。明代的金华府，即隋代的东阳郡，故金华酒又名东阳酒。金华酒色泽金黄，性纯味甘。饮之至醉，头不痛，口不干。由于甜度过高，如饮糖水蜜汁。稍有酒量的人，便不喜欢饮用此酒。兰陵笑笑生《金瓶梅》中，有多达30处提到了金华酒，多伴有"甜"或"好甜"的赞语。

高邮五加皮酒：传统药酒，产于江苏高邮。五加皮酒可"去一切风湿痿痹，壮筋骨，填精髓"（[明] 李时珍：《本草纲目》卷

图2-7　明代宋应星《天工开物》（江苏广陵古籍刻印社影印本）插图，展现的是造黄酒晾酒曲的场景

二十五《酒》)。明代的五加皮酒有两种制法，一是将五加皮洗刮去骨煎汁，和酒曲、糯米搅拌在一起，酿成黄酒；二是将五加皮切碎，盛入纱袋中，浸入黄酒之中。高邮的五加皮酒采用第一种方法酿制而成，有质量绝佳的，然不可多得。酒呈浅绿色，酒味甘甜也是这种酒的缺点。

淮安酒：传统黄酒，产于江苏淮安。酿造淮安酒的酒曲中，添加有绿豆粉，故淮安酒又称"绿豆酒""豆酒"。在兰陵笑笑生《金瓶梅》中屡有关于"豆酒"的描述，如第七十五回《春梅毁骂申二姐　玉箫愬言潘金莲》中，荆都监送给西门庆一坛豆酒，西门庆尝酒，"呷了一呷，碧靛般清，其味深长。"除淮安外，浙江绍兴也产豆酒。

成都刺麻酒：传统黄酒，产于四川成都。刺麻酒，又称"咂摸酒"，饮用方法十分独特。宴饮时，连糟带酒置于瓮中，中间插入一根芦苇管，客人轮流吸饮。瓮中的酒少不足吸饮时，就往瓮中添加少许水。至酒饮完时，满瓮皆水。如此饮酒，酒的味道当然不

佳，但由于饮法新奇，往往令参加宴会的客人喝得烂醉如泥。

麻姑酒：传统黄酒，产于江西建章（今江西南城）。建章，王世贞《酒品前后二十绝》作"建昌"，疑误。麻姑酒，酒味甘甜浓郁，在金华酒之下。在兰陵笑笑生《金瓶梅》中屡有"麻姑酒"的描述，如七十八回《西门庆两战林太太　吴月娘玩灯请蓝氏》载："迎春又拿上半坛麻姑酒来，也都吃了。"

池州酒：传统黄酒，产于安徽池州。池州酒颜色较深，甘甜醇厚，士大夫们常以池州酒为贵。

荡口酒：传统黄酒，产于江苏无锡。因当地范氏、华氏以鹅肫荡水所酿而得名。荡口酒颜色碧绿如竹，酒质绝佳，清香爽冽，饮之凉风生齿咽间，有"南酒第一"之誉。

顾氏三白酒：传统黄酒，产于江苏吴中（今江苏苏州）。顾氏三白酒的酿造方法与荡口酒相仿，略有改易。因酿造所用之米、水、曲三者皆白，故名为"三白酒"。在酒味上，顾氏三白酒和荡口酒一样，也是清香爽冽。顾氏三白酒的酒精度数更高，更有酒力。

靠壁清白酒：传统黄酒，产于江苏苏州，亦名"竹叶清""秋露白""杜茅柴""压茅柴"。等。酿造时，需添加某种草药。酒酿好后，需将盛酒的瓿置于壁前一个月，故名"靠壁"。靠壁清白酒的出酒率较高，一斗米可酿三十瓿（小瓮），味极鲜冽甘美。

除了以上 20 种名酒外，据冯时化《酒史》记载，明代比较有名的酒还有西京金浆醪、凤州清白酒、灞陵崔家酒、长安新丰酒、汾州乾和酒、蓟州薏苡酒、安城宜春酒、荥阳土窟春、相州碎玉酒、淮安苦蒿酒、江北擂酒、杭州梨花酒、杭州秋露白、富平石冻春、兰溪河清酒、池州潋阳酒、黄州牙柴酒、宜城九酝酒、汀州谢家红、闽中霹雳春、郫县郫筒酒、剑南烧春、云安曲米酒、梁州诸蔗酒、广南香蛇酒、新疆西域葡萄酒、乌孙青田酒、内蒙古消肠酒。

明人顾起元就自己生平所尝，对当时天下的名酒进行评价道："若大内之满殿香，大官之内法酒，京师之黄米酒，蓟州之薏苡酒，永平之桑落酒，易州之易酒，沧州之沧酒，大名之刁酒、焦酒，济南之秋露白酒，泰和之泰酒，麻姑之神功泉酒，兰溪之金盘露酒，绍兴之豆酒，粤西之桑寄生酒，粤东之荔枝酒，汾州之羊羔酒，淮安之豆酒、苦蒿酒，高邮之五加皮酒，扬州之雪酒、豨莶酒，无锡之华氏荡口酒、何氏松花酒，多色味冠绝者。若市酤浦口之金酒，苏州之坛酒、三白酒，扬州之蜜淋漓酒，江阴之细酒，徽州之白酒，句曲之双投酒，皆品在下中，内苏之三白、徽之白酒，间有佳者，其他色味俱不宜入杯勺矣。若山西之襄陵酒、河津酒，成都之郫筒酒，关中之蒲桃酒，中州之西瓜酒、柿酒、枣酒，博罗之桂酒，余皆未见。说者谓近日湖州南浔所酿，当为吴越第一。若四川之呷麻酒，勿饮可也。"（［明］顾起元：《客座赘语》卷九《酒》）

除官酿、市肆名酒外，明代士大夫亦喜欢弘扬"东坡遗风"，亲自酿造美酒。据顾起元《客座赘语》卷九《酒》载，明代士大夫的家酿名酒有：王虚窗之真一，徐启东之凤泉，乌龙潭朱氏之荷花，王藩幕澄华之露华清，施太学凤鸣之靠壁清，齐伯修王孙之芙蓉露，吴远庵太学之玉膏，赵鹿岩县尉之浸米，白心麓之石乳，马兰屿之瑶酥，武上舍之仙杏，潘钟阳之上尊，胡养初之仓泉，周似凤之玉液，张云冶之玉华，黄瞻云之松醪，蒋我涵之琼珠，朱葵赤之兰英，陈拨柴之银光，陈印麓之金英，班嘉祐之蒲桃，仲仰泉之柏梁露，张一鹗之珍珠露，孟毓醇之郁金香，何丕显之玄酒，徐公子之翠涛，内府之八功泉，香铺营之玄壁。

近人综合明代史籍，明代的名酒还有饼子酒、景阳高烧、愈疟

酒、逶巡酒、白杨皮酒、当归酒、枸杞酒、桑葚酒、姜酒、茴香酒、天门冬酒、古井贡酒、茵陈酒、青蒿酒、术酒、百部酒、仙茆酒、松液酒、竹叶酒、槐枝酒、红曲酒、神曲酒、花蛇酒、紫酒、豆淋酒、虎骨酒、戊戌酒、桃源酒、香雪酒、碧香酒、五香烧酒、山药酒、闽中酒、梨酒、马奶酒、红灰酒、双料茉莉花酒、葛歠酒、莲花白、德州罗酒、窝儿酒、内酒、艾酒、药五香酒、木樨荷花酒、菊花酒、南烧酒、甜酒、鲁伍酒、火酒、大辣酥酒、滋阴摔白酒、浙酒等。（徐海荣：《中国饮食史》卷五，华夏出版社，1999年，第138—139页）

二 清代名酒

清代李汝珍《镜花缘》第九十六回《秉忠诚部下起雄兵 施邪关术前摆毒阵》中，所列美酒有：山西汾酒、江南沛酒、真定煮酒、潮州濒酒、湖南衡酒、饶州米酒、徽州甲酒、陕西灌酒、湖州浔酒、巴县咋酒、贵州苗酒、广东瑶酒、甘肃乾酒、浙江绍兴酒、镇江百花酒、扬州木瓜酒、无锡惠泉酒、苏州福贞酒、杭州三白酒、直隶东路酒、卫辉明流酒、和州苔露酒、大名滴溜酒、济宁金波酒、云南包裹酒、四川潞江酒、湖南砂仁酒、冀州衡水酒、海宁香雪酒、淮安延寿酒、乍浦郁金酒、海州辣黄酒、栾城羊羔酒、河南柿子酒、泰州枯陈酒、福建浣香酒、茂州锅疤酒、山西潞安酒、芜湖五毒酒、成都薛涛酒、山阳陈坛酒、清河双辣酒、高邮豨莶酒、绍兴女儿酒、琉球白酎酒、楚雄府滴酒、贵筑县夹酒、南通州雪酒、嘉兴十月白酒、盐城草艳浆酒、山东谷辘子酒、广东瓮头春酒、琉球蜜林酎酒、长沙洞庭春色酒、大平府延寿益酒。现择其著名者介绍之。【图2—8】

山西汾酒：新兴烧酒，产于山西汾阳。山西汾酒是清代烧酒的代表，其品质得到世人的公认，清末徐珂《清稗类钞·饮食类》"烧酒"条，称："山西之汾河所出者为良。"清人袁枚《随园食单·茶酒单》"山西汾酒"条，亦称："既吃烧酒，以狠为佳。汾酒乃烧酒之至狠者。"清人中，喜饮汾酒者大有人在，最著名者当如云贵总督刘长佑，清末徐珂《清稗类钞·饮食类》"刘武慎好汾酒"条，称："刘武慎公长佑，在官勤恁，治事接宾客，未尝有倦容。而好饮，且必汾酒。尝独酌，一饮可尽十余斤。"汾酒虽佳，"然禀性刚烈，弱者恶焉，故南人弗尚也"（[清] 梁绍壬《两般秋雨庵随笔》卷二《品酒》）。

图2-8　清代制酒图，描绘出清代蒸馏器的式样。

湖州浔酒：又称"南浔酒"，传统黄酒，产于浙江湖州，以"洌"（辣）著称。清代袁枚《随园食单·茶酒单》"湖州南浔酒"条，称："湖州浔酒，味似绍兴，而清辣过之，亦以过三年者为佳。"即湖州的南浔酒，在味道上与绍兴酒相仿，但比绍兴酒要清辣。比绍兴酒清辣，说明南浔酒的酒精度数要高一些。南浔酒也以存放三年以上者为佳酿。

贵州苗酒：传统黄酒，产于贵州苗家。据清末徐珂《清稗类钞·饮食类》"女酒窖酒"条记载，贵州苗酒有两种：一是"女酒"，类似绍兴女儿酒。苗族人家生女，在女儿尚幼时酿酒，酒熟过滤，装入小口酒瓮之中。待到严冬，陂池水浅时，将酒瓮埋于陂池。春暖花开，陂池水满，酒瓮深藏于陂底。俟女长成，出嫁之日，始决陂取酒，以供宾客。这种酒味极甘美，不可常得。二是"窖酒"，酿这种酒时，加入了胡蔓草的汁液。酒成之后，色泽红碧，惹人可爱。初饮窖酒，令人头脑发热，时间可达一整日。

浙江绍兴酒：传统黄酒，产于浙江绍兴。因酿造方法不同，在品种上，有状元红、女儿红、竹叶青、太雕、花雕【图2—9】、善酿、香雪、加饭之分（唐鲁孙：《漫谈绍兴老酒》，载唐鲁孙《大杂烩》，广西师范大学出版社，2004年，第192页）。绍兴酒在清代名满华夏，清人遂直接称该酒为"绍兴"。清末徐珂《清稗类钞·饮食类》"绍兴酒"条，称："越酿著称于通国，出绍兴，脍炙人口久矣。故称之者不曰绍兴酒，而曰绍兴。以春浦之水所酝者为尤佳。其运至

图2-9　绍兴花雕酒

京师者，必上品，谓之京庄。至所谓陈陈者，有年资也。所谓本色者，不加色也。"清人袁枚《随园食单·茶酒单》"绍兴酒"条，称："绍兴酒，如清官廉吏，不参一毫假，而其味方真。又如名士耆英长留人间，阅尽世故，而其质愈厚。故绍兴酒不过五年者，不可饮；参水者，亦不能过五年。"由于绍兴酒质量高、名声好，各地的黄酒多命名为"仿绍"。在全国各地的"仿绍"中，"可乱真者惟楚酒"（［清］徐珂：《清稗类钞·饮食类》"绍兴酒"条）。

绍兴女儿酒：传统黄酒，产于浙江绍兴。酒呈红色，故又称"女儿红"。清末徐珂《清稗类钞·饮食类》"梁晋竹品酒"条，载："于是不得不推绍兴之女儿酒。女儿酒者，乡人于女子初生之年，便酿此酒，出嫁时始开之。各家秘藏，不以出售，其花坛大酒，悉是赝本。"除浙江绍兴外，江苏溧阳、贵州苗族也有酿造此类酒的风俗。清人袁枚《随园食单·茶酒单》"溧阳乌饭酒"条载："溧水风俗，生一女必造酒一坛，以青精饭为之，俟嫁此女才饮此酒。以故极早亦须十五六年，打瓮时只剩半坛，质能胶口，香闻室外。"文献中多有饮用"女儿酒"的记载，如清末徐珂《清稗类钞·饮食类》中即有"沈梅村饮女儿酒""舒铁云饮女儿酒"的记载。

镇江百花酒：传统黄酒，产于江苏镇江。因镇江古称"京口"，故又称"京口百花"。清末徐珂《清稗类钞·饮食类》"百花酒"条载："吴中土产，有福真、元烧二种，味皆甜熟不可饮。惟常、镇间有百花酒，甜而有劲，颇能出绍兴酒之间道以制胜。产镇江者，世称之曰京口百花。"

无锡惠泉酒：传统黄酒，产于江苏无锡，因用"天下第二泉"的惠泉之水酿造，故名惠泉酒。清人袁枚《随园食单·茶酒单》"常州兰陵酒"条，评价此酒道："至于无锡酒，用天下第二泉所

作，本是佳品，而被市井人苟且为之，遂至浇淳散朴，殊可惜也。"即惠泉酒原本品质上佳，但当地一些商人偷工减料，草率制作，致使酒味淡薄，失去了质朴的本色。

沧州麻姑酒：传统黄酒，产于河北沧州，故又名"沧州酒""沧酒"。沧州酒以"清"著称，这种酒不在李汝珍《镜花缘》所列美酒之中，原因是沧州酒在市场上是买不到的。据清末徐珂《清稗类钞·饮食类》"沧州酒"条记载，沧州的一些旧家世族方能掌握此酒的酿造之法。酿酒之水取于沧州南川楼下运河之底的清泉，酒的保存条件十分苛刻，"其收贮也，畏寒畏暑，畏湿畏蒸，犯之则其味败。"沧州酒新酿不佳，保存十年以上方为上品。若运之他方，舟车稍一摇动，酒味即变。静置沉淀半月，酒味又能恢复如初。真正用南川楼水所酿的沧州酒，"虽极醉，膈不作恶。次日醉，亦不病涌，但觉四肢畅适，怡然高卧而已。"更妙的是，这种酒的酒龄和温酒而不变味的最大次数保持一致。"十年者温十次，十一次则味变矣。一年者再温即变，二年者三温即变，毫厘不能假借也。"

清宫莲花白：新兴烧酒，产于宫廷大内。由于是宫廷御酒，市场上自然不见其踪迹，故李汝珍《镜花缘》所不列。莲花白酒的创制者为慈禧太后，清末徐珂《清稗类钞·饮食类》"莲花白"条载："瀛台种荷万柄，青盘翠盖，一望无涯。孝钦后每令小阉采其蕊，加药料，制为佳酿，名莲花白，注于瓷器，上盖黄云缎袱，以赏亲信之臣。其味清醇，玉液琼浆不能过也。"文中的"孝钦后"即慈禧太后，"蓬"字应为"莲"字之误。除清宫外，北京海淀一带也产莲花白酒，据说是清末名士宝竹坡发明的，他让中药铺照吊各种药露方法，用白酒把白莲花一齐吊出露来喝。吊出来的露酒，荷香芯芯，醲馥沉浸，令人神消气爽，晚清的骚客名士一时群起仿效（唐鲁孙：《谈酒》，载夏晓虹、杨早编《酒人酒事》，三联书店，2012年，第95页）。

第四节　现代名醇

民国以来，中国名酒的分布格局发生了很大变化。黄酒方面，绍兴酒长盛不衰，其他地区的著名黄酒日趋衰微，甚至销声匿迹。白酒方面，北方陕晋豫鲁冀等省名酒继续发展，西南地区的川黔名酒后来居上，尤其是茅台、五粮液更是闻名天下。新兴的葡萄酒和啤酒获得了长足的发展，涌现出一大批全国闻名的品牌。

一　民国名酒

民国年间的著名葡萄酒、啤酒，在本书第一章多有介绍，这里仅介绍民国时期比较有名的黄酒和白酒。

1. 著名黄酒

民国年间名气最大的黄酒当属浙江的绍兴酒，绍兴酒简称"绍酒"，北方人多称之为"南酒"，有女儿红（女贞陈绍）、状元红、竹叶青、太雕、花雕、善酿、香雪、加饭之分。

绍兴各地的黄酒也有高低之分，山阴的酒最佳，会稽的就稍逊一筹。绍兴当地人，却不一定能喝到好的绍兴酒，原因是"产处不如聚处"，北平（今北京）和广州是绍兴酒的两大"聚处"，"绍酒在产地做酒胚子的时候，就分成京庄广庄，京庄销北平，广庄销广

州，两处一富一贵，全是路途遥远，舟车辗转，摇来晃去的。绍酒最怕动荡，摇晃得太厉害，酒就混浊变酸，所以运销京庄广庄的酒，都是精工特制，不容易变质的酒中极品"（唐鲁孙：《谈酒》，载夏晓虹、杨早编《酒人酒事》，三联书店，2012 年，第 89 页）。"广庄"又称"行使"，用二十斤的酒坛装，与十斤装的"京庄"区分明显。

浙江的金华酒并不在绍兴之下，只是产量不多，行销不广，故不如绍兴酒那么名声在外。杭州西湖碧梧轩所产的"碧壶春"，浅黄泛绿，入口醇郁，是竹叶青酒中的极品。四川白沙的"杂酒"，系前代沿袭下来的"咂酒"，为当地宴新郎的喜酒。西南地区也有仿制绍兴黄酒的，如重庆的"渝酒"。

民国时期，北方的黄酒大都分甜苦两种，北京黄酒称"甘炸儿""苦清儿"，陕西黄酒称"甜南酒""苦南酒"，山东、山西黄酒也各自分甜苦。总体来说，甜酒劣，苦酒佳，总体不如绍兴酒美。

北京黄酒号称"玉泉佳酿"，是北方黄酒中的翘楚，以护国寺西口外的柳泉居、崇文门外仙路居所酿为佳。"木瓜北京黄"是以黄酒为基的药酒，色如琥珀，酒味香醇。

山东黄酒仅次于北京，甜黄酒毫无酒意，味似焦锅饼；苦黄酒近似南酒，最著名者为青岛的即墨苦老酒，它味道焦苦，颜色墨黑，宛如中药汤液。

天津因靠近"南酒"运京的聚集之地通州，人们多比猫画虎仿造绍兴花雕，但天津仿绍极易辨别，"真花雕坛上的花样是水墨颜色的，假的是油墨颜色的，一看便知，不容掩饰。"（金受申：《饮酒》，载夏晓虹、杨早编《酒人酒事》，三联书店，2012 年，第 104—105 页）

2.著名白酒

民国时期著名的白酒主要有贵州茅台酒，山西汾酒，陕西西凤酒，四川宜宾五粮液、泸州大曲、绵竹大曲、全兴大曲、古蔺郎酒、绿豆烧，重庆红糟曲酒，安徽古井贡、蚌埠烧，江苏洋河大曲、高沟大曲、江苏宿迁酒，广西桂林三花酒，北平二锅头、绿茵陈、莲花白，河南鹿邑大曲、宝丰酒，山东兰陵酒等，现择要介绍之。

贵州茅台酒：产于贵州遵义仁怀县茅台村赤水河畔的杨柳湾，民国时期由地方一隅的佳酿成为蜚声华夏的名酒。茅台酒【图2—10】最早的酿造者为陕晋盐商，同治八年（1869）开始设窖保存。因酒窖中铺有一层极细的河沙，以侵吸茅台原浆的火爆辛辣之味，故称之为

图2-10 1915年，巴拿马万国博览会获金奖时的茅台酒瓶

"回沙茅台"。回沙茅台甘而不辣，滑而不腻，香醇柔润，醉后不渴不上头，被誉为"白酒之王"。

光绪初年，华联辉在杨柳湾设立"成义烧房"酿造茅台酒，因销路畅旺，又设立"荣和烧房"。"后来华家后人华之鸿，又研究出用原酒浸糟新法，使得华家茅台酒更加清逸浥润，柔曼甘沁"（唐鲁孙：《白酒之王属茅台》，载唐鲁孙《天下味》，广西师范大学出版社，2004年，第202页）。民国八年（1919），茅台酒参加巴拿马万国博览会获金奖，被列为世界佳酿之一，有中国白酒之魁的称号。

民国年间的茅台酒品质不一，外销茅台分特级、甲级、乙级、普通四级，一律羼混当地的土烧酒。特级茅台一缸（50斤）羼土烧酒一缸，甲级、乙级、普通茅台，一缸分别羼三缸、四缸、五缸土烧酒。一兑五的普通茅台，只能算是沾点茅台酒的余香罢了。

除了华家正宗茅台外，民国时期还有"袁老太爷茅台"和"赖茅"。"袁老太爷茅台"的开办者是贵州军阀袁祖铭的老太爷袁干臣，所出之酒，全无茅台风味，只能算是贵州土烧酒的改良版。"赖茅"在抗战时期的重庆风行一时，它的前身即为"袁老太爷茅台"，酿造者为赖永初的"恒兴烧房"。"喝过纯正茅台的朋友，对于那种赖茅，简直不屑一顾"（唐鲁孙：《白酒之王属茅台》，载唐鲁孙《天下味》，广西师范大学出版社，2004年，第203页）。

山西汾酒：产于山西汾阳杏花村，以"义泉涌"酒坊酿造者为佳。1915年，汾酒在巴拿马万国博览会上获一等金质奖。1919年，"义泉涌"酒坊掌柜杨得龄组建晋裕汾酒有限公司，汾酒生产蒸蒸日上，很快便雄居山西首位。

1933年，杨得龄又和著名生物学家方心芳合作，把汾酒的生产工艺总结为"人必得其精，水必得其甘，曲必得其时，秫必得其实，火必得其缓，器必得其洁，缸必得其湿"七条秘诀（捷平：《酒香翁杨得龄与老白汾》，《山西文史资料》1988年第58辑，第121页），使汾酒的质量进一步稳定化。汾酒的产量进一步扩大，1936年晋裕公司年产汾酒80吨。

汾酒清馨芬郁，入口凝芳，酒不上头，被人们认为是北酒之冠。"不过汾酒很奇怪，在山西当地喝，显不出来有多好来，可是汾酒一出山西省境，跟别处白酒一比，自然卓尔不群。如果您先来口汾酒，然后再喝别的酒，就是顶好的二锅头，也觉得带有水气，

喝不起劲来啦！"（唐鲁孙：《谈酒》，载夏晓虹、杨早编《酒人酒事》，三联书店，2012年版，第94页）

陕西西凤酒：产于陕西凤翔柳林镇，初名"凤翔白干酒"，后改名"西凤酒"。柳林镇一带水质特佳，最宜酿酒，同时该地盛产高粱，高粱成熟后，人们均用之酿酒。酒酿成熟后，当地人还要择日开"品酒大会"，请当地善饮酒徒逐一品尝，评定等次。

在中国现代名酒中，第一个登上世界奖台的是西凤酒。清宣统二年（1910），西凤酒代表中国名产参加南洋劝业赛会，获银奖。1915年，西凤酒又在巴拿马万国博览会上获金奖，更是名扬天下。

人们谈论西凤酒时，多会提到凤翔三宝"手柳酒"。"手"是指凤翔女子之手，"柳"是指"东湖柳"。凤翔女子之手，不仅美白，而且勤巧。东湖柳，条长梗韧，最宜编织。孟春三月，柳丝垂拂，凤翔女子，结伴东湖，剪下柳条，编成酒篓，外漆桐油，内糊油纸，"凤翔酒装在篓子里，摇摇晃晃，转运千里，酒香才孕育出来"（唐鲁孙：《唐鲁孙谈吃》，广西师范大学出版社，2005年，第46页）。抗日战争时期，西凤酒名声大噪，在大后方与贵州茅台、四川绵竹大曲鼎足而三。

四川五粮液：产于四川宜宾赤水河畔，五粮液诞生于清末，民国时期名噪华夏。1909年，四川宜宾"利川永"酒坊老板邓子均，采用高粱、大米、糯米、大麦、玉米五种粮食为原料，在传统"荔枝绿"酒的酿造工艺基础上，酿造出了一种香味纯浓的白酒，命名为"杂粮酒"。

民国年间，宜宾名人杨惠泉将"杂粮酒"易名为"五粮液"。杨惠泉为晚清举人，任当地团练局文书。1929年的一天，宜宾社会名流、文人墨客汇聚一堂宴饮，邓子均献上"杂粮酒"助兴，顿

时满屋喷香，令人陶醉。出席宴饮的杨惠泉认为，此酒色、香、味俱佳，酒名却比较平凡，既然集五粮之精华而成玉液，不如更名为"五粮液"，使人闻名领味。众人纷纷拍案叫绝，"杂粮酒"遂以"五粮液"之名流传至今。

1949年9月，"五粮液"已拥有德胜福、听月楼、利川永等14家酿酒糟坊，酿酒窖池增至125个。

泸州大曲：产于四川泸州，泸州大曲的历史可以追溯到明万历元年（1573）四川泸州人舒承宗开设的"舒聚源糟坊"。清穆宗同治八年（1869），舒聚源糟坊被河南人温宣豫收购，改名为"永盛烧坊"。1915年，"永盛烧坊"大曲酒参加巴拿马国际博览会，荣获金奖。

1916年，朱德追随蔡锷"护国"，由滇入川，驻防泸州。朱德饮用永盛烧坊的大曲酒后，赋诗称："护国军兴事变迁，烽烟交警振阗阗。酒城幸保身无恙，检点机韬又一年。"朱德在诗中直接将泸州称为"酒城"。

泸州大曲酒香浓郁，一开瓶酒香四溢，"我们在三楼喝酒，一走近楼下便迎面扑来一阵酒香，会使你情不自禁地要喝上一杯。"（冯亦代：《喝酒的故事》，载吴祖光编《解忧集》，中外文化出版公司，1988年版，第198—199页）

抗日战争中，泸州大曲广受大后方人们的欢迎。1940年春天，冯亦代在陪都重庆曾经喝过一次泸州大曲，称："最有名的当然是泸州大曲，好处在于酒度强而喝后不上头。但是第一次喝却绝不习惯，因为火辣辣地似有一线从嘴里直达胃底。"（冯亦代：《喝酒的故事》，载吴祖光编《解忧集》，中外文化出版公司1988年版，第197页）1943年，教育部长章士钊到重庆，饮用泸州大曲后，赋《古风》称："温家酒窖三百年，泸州大曲天下传。……清空声滴珍珠圆，妙香如禅鼻孔穿。"

绵竹大曲：产于四川绵竹，是以糯米、大米、小麦、高粱、玉米五种粮食为原料酿制的浓香型白酒。20世纪30年代，绵竹大曲在成都极为流行，有"川西酒坛一霸"之称。1931年，绵竹"义全兴"大曲作坊在成都开设专销店，绵竹大曲很快风靡成都，专销绵竹大曲的酒行、酒店有50余家，地处总府街的"第一春"，每天销售绵竹大曲达800斤之多。

北平绿茵陈：北平同仁堂乐家药铺的药酒，是用白酒浸泡"茵陈"制作而成，因酒液翠绿，故称"绿茵陈"。茵陈是一种野草，俗名"蒿子"。当时的北平人认为，正月长出的嫩芽名"茵陈"，二月的植株就是蒿子了。绿茵陈酒有祛暑祛湿的功效，"一交立夏，北平讲究喝酒的朋友，因为黄酒助湿，就改喝白干。一个伏天，总要喝上三五回绿茵陈酒，说是交秋之后，可以不闹脚气。"（唐鲁孙：《谈酒》，载夏晓虹、杨早编《酒人酒事》，三联书店，2012年，第94—95页）

二　当代名酒

中华人民共和国成立后，伴随着白酒生产的工业化，人们的品牌意识勃兴，名酒的评比开始走上历史舞台。1952年至1989年，国家共举行了五届名酒评酒会。

1952年，第一届名酒评酒会在北京评出了国家名酒8种。其中，白酒4种：贵州茅台酒、山西汾酒、四川泸州老窖特曲、陕西西凤酒。黄酒1种：浙江绍兴加饭酒。葡萄酒3种：烟台张裕红葡萄酒、金奖白兰地、味美思。

1963年，第二届名酒评酒会在北京评出了国家名酒18种。其

中，白酒 8 种：贵州茅台酒、四川五粮液、安徽古井贡酒、四川泸
州老窖特曲、四川全兴大曲、陕西西凤酒、山西汾酒、贵州董酒。
黄酒 2 种：浙江绍兴加饭酒、福建龙岩沉缸酒。啤酒 1 种：青岛啤
酒。葡萄酒 6 种：烟台张裕红葡萄酒、金奖白兰地、味美思，青岛
白葡萄酒，北京东郊中国红葡萄酒、特制白兰地。露酒 1 种：山西
竹叶青酒。第二届名酒评酒会改变了此前白酒只有品种没有品牌的
历史，促进了白酒的发展。

　　1979 年，第三届全国评酒会在大连评出国家名酒 18 种。其
中，白酒 8 种：贵州茅台酒、四川五粮液、安徽古井贡酒、四川泸
州老窖特曲、山西汾酒、四川剑南春、贵州董酒、江苏洋河大曲
【图2—11】。黄酒 2 种：浙江绍兴加饭酒、福建龙岩沉缸酒。啤酒
1 种：青岛啤酒。葡萄酒 6 种：烟台红葡萄酒（甜）、味美思、金
奖白兰地和北京东郊中国红葡萄酒（甜）、河北沙城白葡萄酒(干)、
河南民权白葡萄酒（甜）。露酒 1 种：山西竹叶青酒。

　　1984 年，第四届全国评酒会在太原评出国家名酒 25 种。其
中，白酒 13 种：贵州茅台酒、四川五粮液、安徽古井贡酒、四川

图2-11　第三届名酒评酒会评出的八种名白酒

泸州老窖特曲、四川全兴大曲、四川剑南春、陕西西凤酒、山西汾酒、贵州董酒、江苏洋河大曲、安徽双沟酒、湖北黄鹤楼酒、四川郎酒。黄酒 2 种：浙江绍兴加饭酒、福建龙岩沉缸酒。啤酒 3 种：青岛啤酒、北京特制啤酒、上海特制啤酒。葡萄酒 5 种：烟台红葡萄酒（甜）、味美思和北京东郊中国红葡萄酒（甜）、河北沙城白葡萄酒（干）、天津王朝白葡萄酒（半干）。露酒 2 种：山西竹叶青酒、园林青酒。

1989 年，第五届全国评酒会在太原评出国家名白酒 17 种，其他酒类未评。这 17 种名白酒为：贵州茅台酒、四川五粮液、安徽古井贡酒、四川泸州老窖特曲、四川全兴大曲、四川剑南春、陕西西凤酒、山西汾酒、贵州董酒、江苏洋河大曲、安徽双沟酒、湖北黄鹤楼酒、四川郎酒、湖南常德武陵酒、河南宝丰酒、河南宋河粮液、四川沱牌曲酒。除了以上 17 种国家名白酒外，比较有名的地方白酒还有：

东北地区：辽宁的沈阳老龙口，锦州道光廿五，凌川白酒，海城东北烧，本溪铁刹山，丹东凤城老窖。吉林的长春榆树大曲、榆树钱，白城洮南香、关东魂、镇赉酒，辽源龙泉春，通化老刀酒。黑龙江的哈尔滨北大荒、老村长、龙滨酒，齐齐哈尔北大仓、黑土地、富裕老窖，鸡西东北王。

华北地区：北京的二锅头、永丰、仁和、华都。天津的直沽高粱、津酒、佳酿、芦台春。河北的衡水老白干、十八酒坊，徐水刘伶醉，张家口沙城老窖，邯郸丛台酒。山东的济南趵突泉，青岛琅琊台，临沂兰陵王，高青扳倒井，泰安泰山酒，安丘景阳春，阳谷景阳冈，东营军马酒，曲阜孔府酒。山西的汾阳杏花村、竹叶青、汾阳王，太原高粱王酒，长治潞酒，大同浑源浑酒。内蒙古的赤峰

闷倒驴、套马杆、宁城老窖、塞外陈坛，通辽蒙古王，巴彦淖尔河套王，太仆寺旗草原白酒。

中南地区： 河南的伊川/汝阳杜康，渑池仰韶酒，宁陵张弓酒，周口鹿邑大曲、四五老酒，社旗赊店老酒，安阳彰德府酒。湖北的宜昌稻花香、枝江大曲，松滋白云边，襄阳谷城霸王醉，大冶劲酒、毛铺苦荞酒。湖南的长沙白沙液、浏阳河，衡阳的雁峰酒，常德武陵酒、八百里，湘西土家人、张家界，吉首湘泉、酒鬼酒。广东的顺德红米酒，佛山玉冰烧，梅州长乐烧。广西的桂林三花酒，全州湘山酒，柳州丹泉酒，罗城天龙泉。海南的海口大曲、海马贡、鹿龟酒。

东南地区： 上海的石库门、上海老窖、七宝大曲。浙江的诸暨同山烧、醉西施，宁波老台门，衢州久曲坊，安吉乌毡帽，建德致中和。江苏的淮安今世缘、高沟大曲，连云港汤沟酒。安徽的濉溪口子酒，阜阳金种子，界首沙河王，霍山迎驾贡酒，亳州五岭酒、西施醉美人酒。江西的宜春四特酒，赣州章贡酒，进贤李渡酒。福建的漳州华安二宜楼，厦门丹凤高粱酒，建瓯福矛窖，建阳武夷王，光泽闽源春，安溪曲斗香。台湾的金门高粱、玉山高粱、舜堂高粱酒。

西南地区： 重庆有诗仙太白、江津、江小白。四川有成都水井坊，绵阳丰谷酒，邛崃文君酒，射洪沱牌曲酒、舍得酒，宜宾金六福、五粮醇、五粮春、尖庄酒。贵州有遵义茅台醇、赖茅酒、小糊涂仙酒、汉酱酒、国台酒、珍酒、鸭溪窖酒，都匀匀酒，习水习酒，安顺安酒，平坝大曲，毕节金沙回沙酒，镇远青酒，兴义贵州醇。云南的昆明杨林肥、墨江云南地道，玉溪玉林泉，大理鹤庆乾，昌宁耇酒。西藏有拉萨藏泉、藏白、唐蕃情。

西北地区：陕西有西安大曲、长安老窖，渭南白水杜康，宝鸡秦川大曲，眉县太白酒，榆林老榆林酒。宁夏有银川西夏贡、沙湖春、老银川，固原宁阳春。甘肃有武威凉州大曲、皇台酒、凉都老窖，临夏古河州，平凉崆峒酒，徽县金徽酒。青海有海东互助青稞酒、天佑德青稞酒。新疆有乌鲁木齐肖尔布拉克，伊犁伊力特，和静名诺，奎屯老窖。

目前，全国知名的黄酒主要分布在浙江、上海、江苏、江西、福建、安徽等东南诸省，如浙江古越龙山、会稽山、塔牌、女儿红、古越楼台等品牌的绍兴酒和中粮绍兴酒，嘉善的西塘黄酒，台州三门的善好黄酒，金华黄酒；上海石库门黄酒；江苏苏州的苏优黄酒、桃源黄酒，无锡的锡山黄酒、惠泉黄酒，常州的金坛封缸酒，镇江的丹阳黄酒，南通的白蒲黄酒，张家港的沙洲优黄；江西九江的封缸酒，吉安的固江冬酒，赣州的黄先生黄酒；福建的老酒、龙岩沉缸酒、闽安老酒，安徽合肥的庐江海神黄酒。北方也有一些著名黄酒，如山东青岛的即墨老酒，甘肃临夏的五山池黄酒，山西代县北芪黄酒、朔州黄酒、平遥长生源老酒、汾阳杏花村黄酒，河北张家口黄酒，陕西关中黄桂稠酒、洋县谢村黄酒、延安甘泉糜子黄酒，河南南阳的镇平黄酒、西峡红小米黄酒、唐河祁仪黄酒、邓州刘集黄酒，汤阴的"双头黄"黄酒，鹤壁的大湖黄酒等。

除山东烟台张裕、河北沙城长城、天津王朝等全国知名的葡萄酒品牌外，比较有名的地方葡萄酒还有：吉林通化葡萄酒，山东烟台威龙葡萄酒，宁夏红葡萄酒，云南香格里拉葡萄酒、红河云南红葡萄酒，北京丰收葡萄酒、龙徽葡萄酒，山西太谷怡原葡萄酒，甘肃武威莫高冰酒，新疆库尔勒新天葡萄酒，河南商丘民权葡萄酒。

除青岛、燕京、雪花、百威、嘉士伯等全国知名的啤酒品牌

外，比较有名的地方啤酒还有：黑龙江的哈尔滨啤酒，吉林四平的金士百啤酒，山东青岛的崂山啤酒，山东济南的钓鱼岛啤酒，河南郑州的金星啤酒、蓝马啤酒，河南新乡的航空啤酒，河北保定的生力啤酒，陕西西安的汉斯啤酒，宁夏银川的西夏啤酒，甘肃兰州的黄河啤酒，新疆乌鲁木齐的乌苏黑啤酒，湖北武汉的金龙泉啤酒、百威啤酒，湖南邵阳的百惠啤酒，安徽休宁的迎客松啤酒，上海的喜力啤酒、虎牌啤酒，杭州的千岛湖啤酒、中华啤酒，福建莆田的雪津啤酒，福建泉州的惠泉啤酒，广东广州的珠江啤酒，广东深圳的金威啤酒，广东肇庆的蓝带啤酒，广东珠海的麒麟啤酒，重庆的山城啤酒，广西桂林的漓泉啤酒，云南大理的 V8 啤酒，西藏拉萨的青稞啤酒。

名酒之所以有名，首先在于具有优良的品质，古人所谓"酒香不怕巷子深"是也。无论是传统的黄酒、白酒，还是新兴的葡萄酒、啤酒，欲在世间留下芳名，为后人津津乐道，第一要务是把好质量关，在提升自己品质的基础上，与时俱进，更好地满足广大人民对美酒的需求。若无质量保证，仅靠广告投入、概念炒作等噱头，即使挣得所谓的"名酒"名，也只能是过眼烟云，昙花一现。

第三章 醉里乾坤：酒人酒事

　　源远流长的中国酒文化，有众多脍炙人口的酒人酒事。其中，有饮酒助思的，为后人留下众多名传千古的诗词文章和书法艺术珍品；有借酒遁世的，以逃避现实政治生活，避免身陷残酷的权力斗争之中；有酗酒惹祸的，饮酒过量神志不清，小则误人坏事，大则丧身败国，为后人耻笑；有戒酒励志的，深刻认识到沉湎于酒的危害，浪子回头，告别醉生梦死的生活，努力发奋振作，最终干出一番惊天动地的事业。这些酒人酒事，既有成功的范例，也有失败的殷鉴。酒不醉人人自醉，酒对于人，是吉是凶，是好是坏，不取决于酒而取决于人。

第一节 饮酒助思

酒精可以刺激大脑，使人兴奋活跃起来。经常见到一向沉默寡言的人，三杯酒下肚后，说起话来头头是道、滔滔不绝。对于从事文学艺术创作的文士而言，酒更能激发创作灵感。在中国历史上，不少诗词华章和书画艺术正是饮酒后的乘兴之作。

一 酒催诗文

对于诗和酒的关系，河南现代作家李準曾一针见血地指出："诗倒不一定非用酒来启迪引发，但诗必须在自由的灵魂中流出。"（李準：《酉日说酒》，载吴祖光编《解忧集》，中外文化出版公司，1988年版，第274页）赋诗填词，需要才华和灵感。诗人个个有才华，否则也赋不了诗、填不了词，但诗人的灵感却未必时时如涌泉。诗人的灵感多源于思想的自由，此即"不疯不诗"也。当饮酒微醺时，随着思维的活跃，束缚思想的樊篱被打破，在洒脱不拘的自由状态下，赋诗填词的灵感往往相伴而来，故苏轼又称酒为"钓诗钩"。

在中国古代，饮酒赋诗最著名者当属唐代诗人李白。李白既有"诗仙"之誉，又有"酒仙"之名。杜甫《饮中八仙歌》称："李

白一斗诗百篇，长安市上酒家眠。天子呼来不上船，自称臣是酒中仙。"李白曾在京师长安担任翰林学士，负责为唐玄宗起草诏书。一日，唐玄宗与杨贵妃在宫中观赏牡丹，想让李白就此赋诗。宫中内侍急寻李白不得，后发现李白醉酒于长安市肆中。李白入宫后，借着酒兴赋《清平调》三首：

> 云想衣裳花想容，春风拂槛露华浓。
> 若非群玉山头见，会向瑶台月下逢。

> 一枝红艳露凝香，云雨巫山枉断肠。
> 借问汉宫谁得似，可怜飞燕倚新妆。

> 名花倾国两相欢，长得君王带笑看。
> 解释春风无限恨，沉香亭北倚阑干。

这三首诗将花中之王牡丹与明艳动人的杨贵妃交织在一起写，花即是人，人即是花，贵妃牡丹浑融一片，同蒙唐玄宗的恩泽。唐玄宗听后，大加赞赏。

李白现存诗歌 1070 余首，写酒或涉及酒的有 251 首，占全部诗歌的 23.46%，这些酒诗多是李白与他人会饮或独酌时写出来的。酒催发了李白的诗情，也只有在酒酣之下才能写出"五花马，千金裘，呼儿将出换美酒，与尔同销万古愁"（李白《将进酒》）的豪迈诗篇。

与李白同时代的"诗圣"杜甫，虽穷困潦倒，亦终生与酒相伴。酒与诗是杜甫的两大爱好，杜甫《可惜》云："宽心应是酒，

遣兴莫过诗。此意陶潜解，吾生后汝期。"杜甫一生赋诗近 3000
首，流传至今的有 1400 余首，其中与饮酒有关的有 300 首。杜甫
《独酌成诗》云："灯花何太喜，酒绿正相亲。醉里从为客，诗成
觉有神。"连杜甫自己都觉得，还是酒醉时赋的诗好！

　　同为唐代三大诗人的白居易，亦好杯中物，自号"醉伊""醉
司马""醉傅""醉吟先生"等。白居易现存诗歌近 3000 首，其
中咏酒诗 900 余首。白居易赋诗，醉时胜醒时。白居易《北窗三
友》云："今日北窗下，自问何所为。欣然得三友，三友者为谁。
琴罢辄举酒，酒罢辄吟诗。三友递相引，循环无已时。"可见白居
易的诗，多为酒醉时所作。

　　唐代之前，亦有许多趁酒兴赋诗者。汉高祖刘邦起于草莽，在
击破英布大军后，他途归故乡沛县，邀请当地父老饮酒。酒酣之
际，刘邦击筑高歌："大风起兮云飞扬，威加海内兮归故乡，安得
猛士兮守四方！"（刘邦《大风歌》）表达了他维护天下统一的豪情
壮志。

　　东汉末年的曹操，既是一位雄才大略的政治家，也是一位才华
横溢的诗人。汉献帝建安十三年（208）九月，曹操率大军进据襄
阳，在一个月明星稀的夜晚，他置酒汉水之滨，趁着酒兴写下了
《短歌行》：

对酒当歌，人生几何？

譬如朝露，去日苦多。

慨当以慷，忧思难忘。

何以解忧？唯有杜康。

……

山不厌高，海不厌深。

周公吐哺，天下归心。

东晋诗人陶潜（陶渊明）嗜酒，曾留下"葛巾滤酒""白衣送酒"的故事。陶潜现存诗文 142 篇，涉及饮酒的 56 篇，占全部作品的 **39.44%**，以酒为题的名篇有《饮酒二十首》《止酒》《述酒》《连雨独饮》等。这些诗多是他酒醉之后的作品，这一事实是连陶潜自己也承认的。在《饮酒二十首》的小序中，他自述道："余闲居寡欢，兼此夜已长，偶有名酒，无夕不饮。顾影独尽，忽焉复醉。既醉之后，辄题数句自娱；纸墨遂多，辞无诠次。聊命故人书之，以为欢笑尔。"

唐代之后，趁酒兴赋诗填词者也大有人在，北宋大文豪苏轼尤其闻名，他曾填《水调歌头·中秋》一词：

明月几时有？把酒问青天。

不知天上宫阙，今夕是何年？

……

人有悲欢离合，月有阴晴圆缺，此事古难全。

但愿人长久，千里共婵娟。

此词前有小序，称："丙辰中秋，欢饮达旦，大醉作此篇，兼怀子由。""丙辰"即宋神宗熙宁九年（1076），这年苏轼正在山东密州（今山东诸城）做官，中秋之夜，他饮酒至天明，大醉之际填了这首脍炙人口的《水调歌头》。苏轼在密州还填有一首《江城子·密州出猎》：

老夫聊发少年狂，左牵黄，右擎苍。
锦帽貂裘，千骑卷平冈。
为报倾城随太守，亲射虎，看孙郎。

酒酣胸胆尚开张，鬓微霜，又何妨。
持节云中，何日遣冯唐。
会挽雕弓如满月，西北望，射天狼！

词中说得明明白白，他正是在"酒酣"之际，才"聊发少年狂"，率领侍从，左牵黄狗，右擎苍鹰，出城打猎，给后人留下了这首雄心不老、激昂慷慨的佳作。苏轼胸襟开阔，饮酒至酣，让他填的词也多了几分豪放。

酒催诗词，不独为豪放派专美，婉约派饮酒后一样可以写出瑰丽的华章。柳永是北宋婉约派的代表词人，他屡试不举，流连于汴州（今河南开封）的秦楼楚馆，在一次酒后送别之际，他填下了《雨霖铃》一词：

寒蝉凄切，对长亭晚，骤雨初歇。
都门帐饮无绪，留恋处，兰舟催发。
执手相看泪眼，竟无语凝噎。
念去去，千里烟波，暮霭沉沉楚天阔。

多情自古伤离别，更那堪，冷落清秋节！
今宵酒醒何处？杨柳岸，晓风残月。
此去经年，应是良辰好景虚设。

便纵有千种风情，更与何人说？

南宋的闺阁少妇李清照，是婉约派的杰出词人。李清照喜欢饮酒填词，给后人留下了许多酒后之作，如《如梦令》：

常记溪亭日暮，沉醉不知归路。
兴尽晚回舟，误入藕花深处。
争渡，争渡，惊起一滩鸥鹭。

这是吃酒"沉醉"得不知道"归路"时所作的。李清照的另一首《如梦令》却是酒醒之时所作：

昨夜雨疏风骤，浓睡不消残酒。
试问卷帘人，却道海棠依旧。
知否，知否？应是绿肥红瘦。

清代亦多以酒催诗者，徐珂《清稗类钞·饮食类》"金启托于酒"条载："会稽金启，字奕山……醉而醒，则作诗。诗成复饮，至极醉。客或有事，欲与言，辄饮以酒，旋出诗。"同书"刘西廷岁时开宴"条载："刘西廷，名戬，好为诗，尤雄于酒。岁时招故人宴集……即席分题，长篇险韵，他人沈吟，方欲出吻，已立就数百言，一时名流未能或先也。客散，则扪腹徐行，吟哦声不绝。子侄辈有索诗者，随所求，立应之。"

除了诗词之外，千古传诵的文章亦多是宴饮酒酣之作，如唐代王勃的《滕王阁序》（一名《秋日登洪府滕王阁饯别序》），正是青年王勃探望在交趾做官的父亲的路途中，"躬逢"洪州（今江西南昌）都督阎伯屿"胜饯"的酒兴之作。宋代的大文学家欧阳修，自号"醉翁"，在滁州（今安徽滁州）野宴大醉，酒醒之后乃有《醉翁亭记》问世。

酒催诗文，今昔亦然。外交家乔冠华，人送外号"酒仙"，抗日战争时期在陪都重庆任《时事晚报》主编，一周至少写社论四次，"为了工作时能集中思想，他经常在写文章时一手写字，一手端杯喝酒"。（冯亦代：《喝酒的故事》，载吴祖光编《解忧集》，中外文化出版公司，1988年，第196页）

不独中国，外国亦有酒醉时诗文写得好的，美国诗人金斯伯格喜欢喝酒，"据说他是每饮必醉，每醉必诗……脱口而出，洋洋洒洒数百行，佳句不断出现，使四座为之动容"。（李準：《酉日说酒》，载吴祖光编《解忧集》，中外文化出版公司，1988年，第274页）

二　酒助书画

中国的书画艺术讲究书法和绘画的有机结合，擅描绘者无不擅书法，而书法是汉字独有的一门艺术，书法（尤其是行书和草书）需天马行空的不羁气概，饮酒则可以助长书法需要的这种豪迈之气。清人唐晏《饮酒》称："酒为翰墨胆，力可夺三军。"酒给书法家、画师们插上了艺术升华的翅膀。古往今来，多少书画墨宝是人们酒醉后的信手而书、随意而画。

1. 酒助书法

有"天下第一行书"之誉的《兰亭集序》【图3—1】，是书圣王羲之兰亭醉饮之作。晋穆宗永和九年（353）三月三日，王羲之在会稽（今浙江绍兴）山阴之兰亭，邀请名士谢安、陈绰等四十一

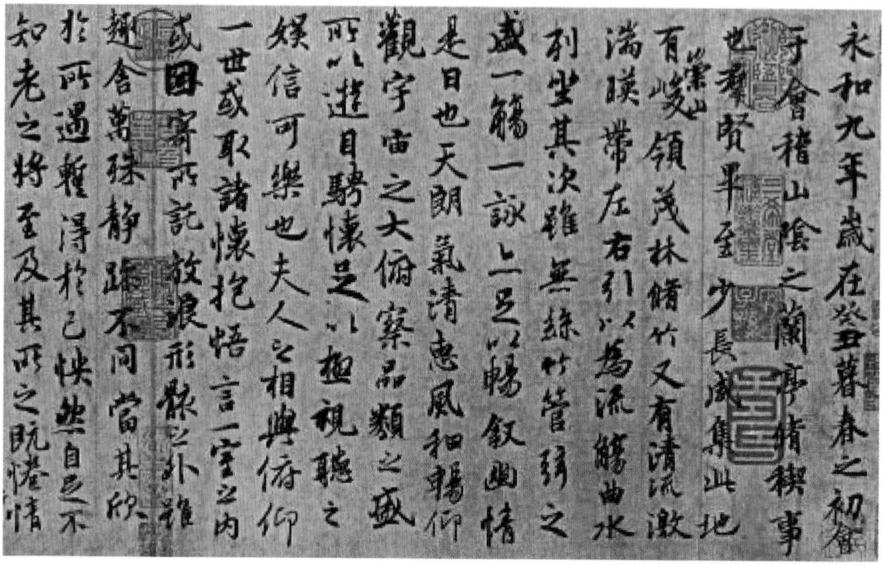

图3-1 《兰亭集序》(局部)

人修禊，大家畅饮赋诗，结为一集，并推举王羲之为诗集作序。王羲之在酒酣之际，取鼠须笔，在蚕茧纸上挥毫，落墨之处，字字珠玑，这便是文书俱绝的《兰亭集序》。第二日，王羲之酒醒之后，看到自己酒醉之时所写的《兰亭集序》，认为超越了自己以前的书法水平。他又取来笔墨，试着抄写《兰亭集序》，却总是不满意，觉得难以超越这份酒酣之作。

　　唐代是一个书法名家辈出的时代，最擅长草书的唐代书法家是张旭和怀素，二人均为"高阳酒徒"。张旭有"草圣"之誉，杜甫《饮中八仙歌》云："张旭三杯草圣传，脱帽露顶王公前，挥毫落纸如云烟。"张旭的草书皆醉后之作，甚至以发代笔，如有神助。据欧阳修、宋祁《新唐书·张旭传》载："旭，苏州吴人。嗜酒，每大醉，呼叫狂走，乃下笔，或以头濡墨而书。既醒自视，以为神，不可复得也，世呼张颠。"对于张旭醉后大叫，以发代笔的疯狂行为，唐人李颀《赠张旭》赞曰：

> 张公性嗜酒，豁达无所营。
> 皓首穷隶草，时称太湖精。
> 露顶据胡床，长叫三五声。
> 兴来洒素壁，挥笔如流星。
> ……

怀素为唐代中期的僧人，擅长狂草，人们将他与张旭合称为"张颠素狂"。怀素亦赋诗饮酒，时人谓之"醉僧"，代表作有《自叙帖》。李白《草书歌行》赞誉怀素道：

> 少年上人号怀素，草书天下称独步。
> 墨池飞出北溟鱼，笔锋杀尽中山兔。
> 八月九月天气凉，酒徒词客满高堂。
> 笺麻素绢排数厢，宣州石砚墨色光。
> 吾师醉后倚绳床，须臾扫尽数千张。
> 飘风骤雨惊飒飒，落花飞雪何茫茫。
> 起来向壁不停手，一行数字大如斗。
> 恍恍如闻神鬼惊，时时只见龙蛇走。
> 左盘右蹙如惊电，状同楚汉相攻战。
> 湖南七郡凡几家，家家屏障书题遍。
> ……

唐代之后，亦有书法家以醉书闻名者，如北宋的苏舜钦，"善草书，每酣酒落笔，争为人所传。"（《宋史·苏舜钦传》）明代"八大山人"朱耷，欲求其墨宝，只能置酒相招，待其酒酣之后，让其挥毫，"则攘臂搦管，狂叫大呼，洋洋洒洒，数十幅立就"（[清]陈鼎：《八大山人传》）。明末清初的傅山，其书法被誉为"国朝第一"。傅山擅长草书，"醉酒后书写狂草，更是亢奋桀骜，奇姿百出。"（殷伟：《中国酒史演义》，云南人民出版社，2001年，第307页）清代南海黎二樵以诗、书、画闻名于世，"以赴京兆试，过南雄岭，酒肆主人闻其名，乘其醉后，以绢素乞书堂额。时适闻邻厅有大饮声，即命取来，大书'饮也'二字"。（《清稗类钞·饮食类》"饮也"条）

2. 酒助绘画

当代丹青大师齐白石称："作画妙在似与不似之间，太似为媚俗，不似为欺世。"（敖晋编：《齐白石谈艺录》，上海书画出版社，2016年，第14页）"似与不似之间"是一种超越现实生活的艺术境界，古今不少画家在饮酒后，心性空灵，进入忘我之境，画出"似与不似之间"神形具备的作品来。

盛唐时期的吴道子有"画圣"之誉，尤其擅长描绘飘飘的衣带【图3—2】，人称"吴带当风"。吴道子性格豪爽，不拘小节，据北宋官方编纂的《宣和画谱》卷二载，吴道子挥毫作画，"必须酣饮……至于画圆光，最在后，转臂运墨，一笔而成。观者喧呼，惊动坊邑，此不几于神耶？"文中的"圆光"即佛像顶上的圆圈，吴道子画"圆光"，从不用尺规，而是抡圆手臂，挥笔而就。每当吴道子酣饮作画时，往往观者如堵，大家对吴道子的绘画神技惊为天人。

清代的书画大家傅山作画时，亦须酒助。傅山的一位友人想请

图3-2　吴道子《送子天王图》（局部）

他作画，中秋月圆之夜，备好笔墨纸砚，美酒相邀傅山，傅山喝得兴起，"让众人都走开，他独自一人动笔作画，友人远远地看着他，只见他乘着醉意手舞足蹈，或跳或跃，样子就像发疯似的。友人以为他酒醉发狂，惊诧之余，赶紧跑过去从背后用双手紧紧拦腰抱住他。傅山狂叫一声，叹了口气说道：'让你败了我的清兴，有什么办法呢！'于是掷笔在地，抓过画纸揉搓，不再画了。"（殷伟：《中国酒史演义》，云南人民出版社，2001年，第305—306页）。后来，友人才醒悟过来，傅山作画必须醉酒，以助画兴！

当代著名画家钟灵喜欢饮酒，漫画家方成曾为钟灵画了一幅挥

笔作画像，发表在《人物》杂志上，最有趣的是在屁股后面的口袋里，装着一瓶白酒，大约为了喝起来方便，居然在瓶颈上还扣着一只酒杯，谁看了都会忍俊不禁。对饮酒与作画之间的关系，钟灵指出：“特别是画兴一起，左手擎杯，时而小啜，右腕挥毫，‘下笔有神’。神者，酒神也。她常常为你助兴，帮你创造出意外的神韵。‘举杯常无忌’是我杜撰的上联，意思是进入微醺状态，就会平添许多勇气，敢于突破成法，或者说由有法升华为无法，不再受什么清规戒律的束缚，更能把自己的真情意境抒发出来。”（钟灵：《举杯常无忌，下笔如有神》，载吴祖光编《解忧集》，中外文化出版公司，1988年，第46页、第48—49页）

1986年，钟灵、方成合作画《邓拓诗文集》封面，画作需要第二天就交，只有一个晚上的时间作画。钟灵起了个草稿，晚上赶到方成家，商议改画加工。作画之前，却对方成说：“喝两杯再动手。”几杯酒过后，钟灵醉倒在地，鼾声阵阵，方成只得一人作画，“待到清晨两三点钟，他醒来见灯光通明，忙爬起来抢过笔去。这时他已清醒，两人画了一个多小时，终于按期交稿”。（方成：《借题话旧》，载吴祖光编《解忧集》，中外文化出版公司，1988年，第15页）

第二节　借酒遁世

在中国人的一般认知中，一个人若整天想着醇酒佳丽，不思进取，过着醉生梦死的生活，则此人必无政治上的野心。利用这一心理，在明君不出的乱世，一些士人借酒遁世，逃避现实政治生活，避免身陷残酷的权力斗争之中。为避免君主猜忌，招来杀身之祸，一些宗室权贵也借酒自晦，以示自己满足于生活上的享受，对君权并无觊觎之心。

一　借酒避祸

儒家主张积极"入世"，强调"学而优则仕"（《论语·子张》）。但"入世"是有社会现实条件的，孔子曰："天下有道则见，无道则隐。"（《论语·泰伯篇》）在昏君逆贼当道的乱世，儒家并不主张读书人入世当官，而是主张洁身自好，归隐江湖山林。饮酒不仕，或已仕醉酒而不问政治，是中国仕人在乱世避祸时的一种普遍选择。

1. 陈平、阮籍借酒避祸

汉高祖刘邦驾崩后，吕后用权，诸吕与刘氏宗室相争，陈平为避免身陷宫廷权力斗争，整天喝酒装糊涂，对政事不发表意见，政敌吕须攻击陈平："为丞相不治事，日饮醇酒，戏妇人。"这下正

中陈平下怀，"平闻，日益甚"，而吕后听说后，却是"私喜"（《汉书·陈平传》）。陈平涵酒，成功麻痹了临朝称制的吕后，保住了相位与自家性命。吕后崩后，陈平和太尉周勃铲除诸吕，恢复了刘氏的天下。

陈平提供的借酒避祸之策，为魏晋士人所发扬光大。宋人叶梦得《石林诗话》卷下云："晋人多言饮酒，有至于沉醉者，此未必意真在于酒。盖时方艰难，人各惧祸，唯托于醉，可以粗远世故。盖陈平、曹参以来，已用此策。陈平于刘吕未判之日，日饮醇酒则近妇人，是岂真好饮酒。曹参虽与之异，然方欲解秦烦苛付之清净，以酒而杜人口，是亦一术。流传至嵇、阮、刘伶之徒，遂全欲用此为保身之计。"文中提到的"嵇、阮、刘伶之徒"是指魏晋之际的嵇康、阮籍、山涛、向秀、刘伶、王戎、阮咸等七人，世称"竹林七贤"。

在"竹林七贤"中，借酒避祸最成功者当属阮籍。阮籍，字嗣宗，陈留（今河南开封）人，世家大族出身，曾任曹魏从事中郎、散骑常侍。因贪图步兵营厨中的三百斛好酒，主动请求改任步兵校尉。阮籍生于魏晋乱世，当时司马昭欲取代曹魏，阮籍在政治上忠于曹魏，不满司马昭的专权，又不敢公开抗争，阮籍是当时的名士，司马昭千方百计拉拢阮籍，阮籍多次靠酒醉以避之。

阮籍有一个女儿，仪态端庄，贤淑美丽。司马昭为拉拢阮籍，便派人为儿子司马炎求亲。阮籍心中不乐意这门亲事，但又不敢公开拒绝，于是就拼命喝酒，一直喝得酩酊大醉。稍一酒醒，立刻又饮，如此往复，大醉六十日，始终不给来人开口求亲的机会，前来提亲的人只得悻悻地回去复命。

司马昭见拉拢不成，便想找个借口杀掉阮籍，他派钟会到阮籍家咨询国是，企图从阮籍口中套出一些不当言词，以便定罪斩杀。钟会一到阮籍家，阮籍就邀请钟会饮酒，其他一概不谈。阮籍一杯杯狂饮，很快便不省人事。钟会不死心，多次上门纠缠，阮籍均以酒醉应之，钟会始终得不到阮籍的些许口实。司马昭找不到借口，终奈何不得阮籍。

2. 刘伶、陶潜、唐寅借酒不仕

陈平、阮籍二人皆为在任的官员，采取醉酒不问政事的策略而避祸，更多的仕人在乱世时，则采取退隐不仕的方法，借酒消遣一生，比较著名的有魏晋之际的刘伶、东晋的陶潜和明代的唐寅。

刘伶，字伯伦，沛国人（今安徽沛县）。刘伶早年做过建德参军，"泰始初对策，盛言无为之化。时辈皆以高第得调，伶独以无用罢"（《晋书·刘伶传》）。"泰始"（265—274）是晋武帝的第一个年号。在给皇帝的奏章里，刘伶主张道家的无为而治，当然不合开国之君晋武帝的治国心思，因此被免官。表面上看刘伶是被免，实际是他主动退隐。作为建德参军，不可能不知道晋武帝求取策问的意图，他不合时宜地"盛言无为之化"，只能说明他心生退意已久，想乱世归隐罢了。

与其他"竹林六贤"一样，刘伶隐于酒，写有《酒德颂》一文，称："惟酒是务，焉知其余。"刘伶常乘一鹿车，携酒自饮，让人荷锸跟随，说："死便埋我。"刘伶最出名的故事是许妻戒酒。刘伶的妻子劝谏曰："君酒太过，非摄生之道，必宜断之。"刘伶答应妻子，在鬼神面前发誓戒酒。让妻子供上酒肉，刘伶对鬼神发誓道："天生刘伶，以酒为名。一饮一斛，五斗解醒。妇儿之言，慎不可听。"（《晋书·刘伶传》）发完酒誓，吃了上供的酒肉，刘伶又醉倒于地了。

如果说刘伶是被动罢官的，那么陶潜则是主动辞职的。陶潜，又名陶渊明，字元亮，浔阳柴桑（今江西九江）人，除诗歌外，还写有自传性质的《五柳先生传》和名赋《归去来兮辞》。陶潜多次辞官，《晋书·陶潜传》载："以亲老家贫，起为州祭酒，不堪吏职，少日自解归。州召主簿，不就，躬耕自资，遂抱羸疾。复为镇军、建州参军……以为彭泽令。"在彭泽令任上，因不愿官服束带见督邮，叹曰："吾不能为五斗米折腰，拳拳事乡里小人邪！"东晋安帝义熙二年（406），解印辞职，"顷之，征著作郎，不就"。陶潜归隐田园后，由于不善营生，其生活并非如陶渊明诗歌所描绘的那样富有诗情画意，而是经常陷于"酒米乏绝"的困境（《晋书·陶潜传》）。陶潜之所以多次主动辞官，除了性格清傲，不愿违心逢迎官场之外，生逢乱世，醉酒适性以避祸，恐怕也是他归隐的一个重要原因。

如果说陶潜归隐，醉酒避祸的原因还不十分明显的话，明代唐寅的醉酒不仕则是不言自明的。唐寅，字伯虎，吴县（今江苏苏州）人，有"江南第一风流才子"之称，与同时期的沈周、文徵明、仇英合称"明四家"。江西南昌的宁王朱宸濠，欲起兵称帝，听闻唐寅才华出众，重金礼聘唐寅到王府任职。唐寅到宁王府后，察觉宁王的异志，宁王向他咨询如何治国安邦，唐寅推说自己乃一介书生，只知饮酒谈诗、论书作画，哪知治国安邦，宁王十分不悦。为避免惹祸上身，唐寅日日醉酒，装狂佯癫。宁王不想惹上了这么一个酒疯子，对他彻底失望，便打发唐寅回归家乡。后来，宁王起兵失败，唐寅也因醉酒避免了一场杀身之祸。

3. 王允之佯醉保命

唐寅是故意醉酒而避免了杀身之祸，历史上也有佯醉而避免了杀身之祸的。东晋时，钱凤拜见大将军王敦，侄儿王允之托醉先睡，睡中听到双方合谋反叛，遂在卧处大吐，弄得到处狼藉。王敦和钱凤起初忘了在床上睡觉的王允之，等到想起来时，担心事泄，便想杀人灭口。到床上查看王允之，发现他烂醉如泥，便不再怀疑王允之听到了合谋造反的计划。王允之急中生智，佯醉逃过了一劫。

二　借酒自晦

普通士人为避祸可以借酒不仕或醉酒不问政治，但不幸生于帝王家的宗室贵族却逃不出残酷宫廷斗争的天罗地网，为避免成为君主猜忌的刀下之鬼，有些宗室人员不惜沉湎于酒色以自晦，最著名者为战国时期的魏国公子信陵君无忌和唐代的汝阳王李琎。

1. 信陵君湎酒避忌

信陵君魏无忌是魏昭王少子，魏安釐王的异母弟，他礼贤下士，豢养门客三千人，在魏国形成了一股不容小觑的势力。一次，信陵君与魏王下棋，谍报赵王率军进犯，信陵君说不必恐慌，这是赵王打猎。魏王询问何以知之，信陵君告知手下门客已探知赵王的动静。魏安釐王深嫉信陵君，不敢委以重任。

魏安釐王二十年（前257），秦军围困赵国邯郸，赵求救于魏。魏国惧怕秦国，不敢出兵救赵。情急之下，信陵君听取侯嬴之计，窃取兵符，击杀晋鄙，率魏军大败秦军，这就是历史上有名的"信陵君窃符救国"。由于窃符杀将，信陵君只得滞留赵国。后来，秦军又攻打魏国，信陵君回国担任上将军，率五国联军大败秦将蒙骜，挽救魏国。

名声大振的信陵君遭到魏安釐王的猜忌，被解除兵权。为避嫌，信陵君每日以醇酒妇人自晦，司马迁《史记·魏公子列传》载："公子自知再以毁废，乃谢病不朝，与宾客为长夜饮，饮醇酒，多

近妇女。"可惜信陵君入戏太深，假戏真做，四年之后，终因酒色
过度而薨。

2. 汝阳王饮酒自晦

唐代的汝阳王李琎，是唐睿宗李旦的嫡孙，因长相俊美，有
"花奴"之号。按照嫡长子继承制，睿宗崩后应由李琎的父亲、长
子李宪继承皇位。但由于三子李隆基才能卓著，在平定韦后及太平
公主之乱中立有大功，睿宗禅位给李隆基，是为唐玄宗。唐玄宗极
力拉拢兄弟，甚至在李宪死后赐其谥号"让皇帝"。但李琎作为
"让皇帝"的长子，对唐玄宗的皇位无疑是一种威胁。

宋人王谠《唐语林》卷五《补遗》载，一次唐玄宗与李宪酒
宴，唐玄宗称赞李琎："花奴资质明媚，肌发光细，非人间人。"
李宪深恐皇帝忌恨李琎，看到李宪的恐慌，唐玄宗笑着安慰道：
"大哥过虑，阿瞒自是相师。夫帝王之相，且须有英特越逸之气，
不然须有深沈包育之度。若花奴，但英秀过人，悉无此状，故无猜
也。"这则故事，反映了李宪父子内心深处不安的根源。

世人皆知李琎好酒，杜甫《饮中八仙歌》云："汝阳三斗始朝
天，道逢曲车口流涎，恨不移封向酒泉。"除了本身嗜酒之外，李
琎好酒还有难为外人道的深因，这就是李琎敏感的身份。历史若正
常演进，李琎作为李宪的长子，封号本不应为"汝阳王"，而将是
太子储君。有这种敏感的身份，汝阳王李琎又怎敢露出丝毫的不臣
之心，醉酒自晦，显示自己胸无大志，方可保身啊！

李琎终日流连醉乡酒国，与贺知章、褚庭诲、梁涉等善饮之徒
为友。为了显示自己沉湎于酒，李琎不仅饮酒，还显示出对酿酒的
浓厚兴趣。据宋人陶穀《清异录》卷下《酒浆门》载："汝阳王琎
家有酒，法号甘露经。四方风俗，诸家材料，莫不备具。"

3.郭德成醉酒佯疯

郭德成，明初濠州人（今安徽濠州），性嗜酒，与兄长郭兴、郭英跟随明太祖朱元璋在濠州起兵，南征北战，屡立战功。朱元璋称帝后，郭德成的妹妹又进宫，被封为宁妃。郭兴、郭英皆因功封侯，郭德成仅官拜骁骑舍人。明太祖因宠幸宁妃，想提拔一下郭德成，郭德成深知爬得高、摔得重，坚决面辞不授，明太祖老大不高兴，郭德成道："臣性耽曲蘖，庸暗不能事事。位高禄重，必任职司，事不治，上殆杀我。人生贵适意，但多得钱，饮醇酒足矣，余非所望。"（《明史·郭德成传》）他明确告诉皇帝，我就喜欢金钱和美酒，对做官不感兴趣，此语正中朱元璋下怀，遂赏赐其美酒百坛、金币若干。

一次，郭德成在皇宫后苑喝得酩酊大醉，匍匐在地，向明太祖脱冠谢恩。朱元璋看到郭德成头发稀少，开玩笑道："醉风汉，发如此，非酒过耶？"意思是你这个醉疯子，怎么只剩下那么几根头发了，是不是喝酒喝多了。郭德成随口说道："臣犹厌之，尽剃始快。"意思是就连这么几根头发我也不想留着，要剃光才好呢。却不料触了朱元璋的逆鳞，原来朱元璋早年当过和尚，最忌讳直接、间接提到和尚呢！看到皇帝拉长了脸，郭德成惊得酒醒了大半。既然皇帝说自己是个"醉风汉"，那就干脆装疯卖傻。他回家后立即将头发剃得精光，穿上和尚的僧衣，口中念佛不已。明太祖听说此事后，对宁妃说道："始以汝兄戏言，今实为之，真风汉也。"（《明史·郭德成传》）后来，朱元璋大兴"胡兰之狱"，明初功臣宿将几乎被杀戮一空，郭德成却因为装疯而得免。

第三节　酗酒惹祸

过量饮酒，其害大无边！在中国古代，帝王有因酗酒亡国的，有因酗酒被弑的。古往今来，因酒丧身、因酒致祸者，数不胜数。在醉酒状态下，人的反应速度直线下降，甚至神志不清，管不住自己的言行，因醉酒失言败德、作奸犯科之人，多矣！酗酒损害的不仅是自己的身体健康和道德声誉，还给他人、社会和国家造成了极大的伤害。

一　酗酒亡国

夏代的开国之君大禹，在品尝到仪狄酿造的"旨酒"后，曾预言："后世必有以酒亡其国者。"（《战国策·魏策二》）大禹的预言不幸成真，历史上因酗酒而亡国的悲剧多次发生。

禹的后人夏桀是中国历史上第一位因酒亡国的国君。夏桀曾让人挖了一个可供三千人饮酒的大酒池，这一故事在正史中并无记载，但在汉代撰写的史籍中却多有记叙，如韩婴《韩诗外传》卷四载："桀为酒池，可以运舟，糟丘足以道望十里，一鼓而牛饮者三千人。"刘向《列女传》卷七《孽嬖传》载："日夜与妹喜及宫女饮酒，无有休时……为酒池可以运舟，一鼓而牛饮者三千人，其头而饮之于酒池，醉而溺死者，妹喜笑之，以为乐。"皇甫谧《帝王世纪》中亦有夏桀"日夜与妹喜及宫女饮酒"的记载。夏桀嗜酒好色，不修政务，屠戮大臣，最后众叛亲离，被商汤取代，夏代亡祚。

商代末年，因酒亡国的悲剧再次重演。商代的最后一位国君纣，效仿夏桀，也挖了个大酒池，《史记·殷本纪》载："以酒为池，悬肉为林，使男女倮相逐其间，为长夜之饮。"唐代张守节《史记正义》引李泰《括地志》云："酒池在卫州卫县西二十三里。"《太公六韬》称："纣为酒池，回船糟丘而牛饮者三千余人为辈。"（［汉］司马迁：《史记》卷三《殷本纪》引，中华书局，1982年，第106页）商纣王开挖的酒池是否与夏桀的酒池一样大，供三千人牛饮的酒池到底是夏桀挖的，还是商纣挖的。这些细节即使考证再清楚，也无关紧要了。重要的是，商纣王确实因酗酒而国破身亡，被新兴的周朝所取代。鉴于商人因酒而亡国的教训，周人颁布了严厉禁酒的《酒诰》。

五胡十六国时期，前赵皇帝刘曜骁勇善战，但嗜酒无度。刘曜与石勒争战，刘曜亲率十万大军，取得暂时胜利，包围洛阳。石勒率军来救，双方在洛阳城郊决战。刘曜被暂时的胜利冲昏头脑，每日与部下饮酒赌博，不认真做准备。出战前夕，刘曜饮酒数斗，由于常乘的红马突然有病，改乘另一匹小马。上马之前，又喝了一斗酒。石勒部将石堪见刘曜醉酒，趁机猛攻，刘曜兵败，马陷石渠，受伤被俘。石勒逼刘曜令其在长安的太子刘熙投降，刘曜不从被害，前赵遂亡。

因酒亡国的殷鉴，后人并没有吸取多少，历史的悲剧在南朝末年再次上演。在隋军大兵压境的情况下，南朝后主陈叔宝迷信长江天险，荒于酒色，不恤政事，"常使张贵妃、孔贵人等八人夹坐，

江总、孔范等十人预宴，号曰'狎客'。先令八妇人襞采笺，制五言诗，十客一时继和，迟则罚酒。君臣酣饮，从夕达旦，以此为常"（《南史·陈本纪下》）。隋文帝开皇九年（589）正月，隋朝大将韩擒虎率军攻入金陵（今江苏南京）台城，俘虏了陈后主，陈朝灭亡。

二　酗酒被弑

有些君主沉湎于酒，虽未直接导致亡国，但为政敌提供了可乘之机，导致身首异处。五代闽景宗王延曦、西夏景宗元昊、辽世宗耶律阮、辽穆宗耶律璟、金熙宗完颜亶等皇帝，均因酗酒被臣下弑杀。

闽景宗王延曦是个嗜酒好杀的君主，据宋人欧阳修《新五代史·闽世家》载："曦常为牛饮，群臣侍酒，醉而不胜，有诉及私弃酒者辄杀之。诸子继柔弃酒，并杀其赞者一人。"不断有大臣被王延曦醉酒杀害，朝廷之上，人人自危。王延曦宠爱尚贤妃，遭到皇后李氏的忌恨，李氏想让自己的儿子王亚澄提前接班，遂挑拨重臣连重遇、朱文进二人道："上心不平于二公，奈何？"连重遇、朱文进二人担心自己被杀，决定先下手为强。一天，王延曦出游时喝得酩酊大醉，被连重遇派遣的杀手斩于马下，稀里糊涂做了个醉死鬼。

西夏的开国之君景宗元昊雄才大略，在与宋、辽战争中，屡获胜利，但晚年溺于酒色，终日在贺兰山离宫饮酒作乐，将朝政委于宰相没藏讹庞。元昊给次子宁令哥娶妻没氏，见其貌美，便无耻地将其纳为新皇后，宁令哥对其父深怀夺妻之恨。天授礼法延祚十一年（1048）正月的一天，元昊与诸妃饮酒至深夜。宁令哥在没藏讹庞的挑唆下，持戈进宫行刺元昊。宁令哥虽被护卫乱刃砍死，但元昊也被宁令哥削去鼻子。第二天，一代雄主元昊因鼻创流血过多而崩。

在辽代皇帝中，有两位皇帝因酗酒而被弑杀，一位是辽世宗耶律阮，一位是辽穆宗耶律璟。天禄五年（951），辽世宗率兵进攻后周，至详古山，与太后在行宫祭祀自己的父亲耶律倍，随后大宴群臣，群臣皆醉。耶律察割和耶律益都趁机率兵攻入行宫，弑杀了世宗和太后。即位的辽穆宗更是一位以嗜酒嗜杀而闻名的皇帝，宋人叶隆礼《契丹国志》卷五《穆宗天顺皇帝》载："每夜酣饮，达旦乃寐……逮至末年，残忍猜忍，左右小有过愆，至于亲手刃之。数年之间，重足屏息，人人虞祸。会醉，索食不得，欲斩庖人，掌膳者恐祸及，因捧食以进，挟刃弑帝于黑山下。"

金熙宗完颜亶是金太祖阿骨打的嫡孙，在完颜宗幹、完颜宗弼等大臣的辅弼下，金朝势力蒸蒸日上。皇统二年（1142）十二月，皇太子完颜济安去世，皇后裴满氏干政，皇嗣始终无法确立，金熙宗心情郁闷，开始酗酒妄杀，皇弟完颜元、完颜查刺和皇后裴满氏等先后被杀，一时人人自危。皇统八年（1149）完颜宗弼病逝后，金熙宗酗酒更甚，经常喜怒无常，嗜杀成性，导致众叛亲离。皇统九年（1150），完颜宗幹之子完颜亮、驸马唐括辩等人合谋弑了金熙宗。

三　酗酒丧身

常年酗酒，可能引起酒精中毒，最终危及生命。有慢性酒精中毒，常年喝酒致死的。战国时期魏国公子信陵君无忌，沉溺酒色四年而亡。北周宣帝宇文赟性好饮酒，即位不到两年而崩。清代夏薪卿自放于酒，殁于吴中；谴责小说家吴趼人，以《二十年目睹之怪现状》闻名，纵酒自放，致肺疾后，纵饮如故，三年而

亡；仁和人沈菘町"年将四十，渐事杯杓。晚年乃以酒代饭，卒以此致疾死"（《清稗类钞·饮食类》"沈菘町以酒代饭"条）。民国文人黄季刚、吴瞿安皆因长期饮酒而逝。当代著名书法家、金石家邓散木长期好酒贪杯，"六十岁后便因酒精中毒，腿部长了恶疮，不治而死"（秦瘦鸥：《酒量与酒德》，载吴祖光《解忧集》序，中外文化出版公司，1988年，第70页）。话剧作家宋之的，"好酒成癖，后来发展到每饭必酒，解放后终以长年贪饮，引起肝硬变，不治而逝"（吴祖光：《解忧集》序，中外文化出版公司，1988年，第9页）。

有急性酒精中毒，一次喝过量而毙的，如汉末丁冲"醉烂肠死"（《三国志·魏书·丁冲传》），北齐孙搴"醉甚而卒"（《北齐书·孙搴传》），晋代周顗与客人饮，"乃出酒二石共饮，大醉。及顗醒，使视客，已腐肋而死"（《晋书·周顗传》）。清人高画岑，"呼酒痛饮，人不测其所为也。已而病酒，竟死"（《清稗类钞·饮食类》"高画岑呼酒痛饮"条）；吴敏轩，"橐囊中余钱，设盛宴，召友酣饮，大醉，辄诵樊川'人生祇合扬州死'之句，竟如所言"（《清稗类钞·饮食类》"吴敏轩设盛宴"条）；鄞县人周思南，性嗜酒，"一日，思南坐轩中，忽大呕血，笑云：'此吾从曲车酝酿而成之神膏也，非病也。'呕不止，饮亦不止，随饮随呕，遂死。"（《清稗类钞·饮食类》"周思南呼云月而醉"条）读者诸君没有耳闻目睹过周围的人醉酒而亡的，想必稀矣！

长期饮酒加重胃、肝和心血管的负担，患胃病、脂肪肝、肝硬化、肝癌、高血压、糖尿病的概率大大增加。酗酒还可直接诱发心脏病、脑出血等疾病，作家陆文夫《壶中日月长》中称："最伤心的是常有讣告飞来：某某老酒友前日痛饮，昨夜溘然仙逝。不是死

于心脏病，便是死于脑溢血，祸起于酒。"（吴祖光编：《解忧集》，中外文化出版公司，1988年，第148页）

醉酒后，神志不清，多有意外死亡的，如唐代大诗人李白，醉酒后发狂，要去捞江中的月亮，不幸落水而亡。诗人杜甫，醉后口渴，舀水舟外，落水而去。清代的洪昇，在浙江乌镇酒醉后失足落水，与李白、杜甫一起做了酒溺之友。在酒驾入刑之前，多有司机醉驾死于交通事故的。

因醉酒控制不住自己的言行，而招致杀身之祸的，亦如过江之鲫，最有名者莫过于西汉时期的灌夫和唐初的刘文静。

灌夫，字仲孺，颍川颍阴（今河南许昌）人，为人刚直，在平定"七国之乱"时立有战功。灌夫曾因醉酒使性，得罪了长乐卫尉窦甫和丞相田蚡。汉武帝元光四年（前131），田蚡娶燕王的女儿为夫人，田蚡的姐姐王太后下令，列侯宗室都要前去道贺。灌夫本不想去，但在窦婴的劝说下，便一同前往参加田蚡的婚宴。在行酒时，灌夫先是强劝田蚡满觞，后又辱骂与长乐卫尉程不识耳语的临汝侯灌贤。众人见势不妙，纷纷更衣离席。灌夫使酒骂座，极大地破坏了婚宴的气氛，田蚡大怒，强行扣押灌夫，上奏弹劾灌夫骂座不敬。汉武帝本不想杀灌夫，但在王太后的坚持下，灌夫最终被判死罪，一家老小被诛杀殆尽。

刘文静，字肇仁，彭城（今江苏徐州）人，跟随唐高祖李渊在太原起兵。唐代建立后，刘文静官拜中书省纳言，裴寂官拜尚书省仆射。刘文静认为，自己的才能高于裴寂，又立有军功，而官位却在裴寂之下，这是很不公平的。在朝堂之上，多次与裴寂发生冲突。一次，刘文静在家中与弟弟刘文起饮酒，喝到兴起，刘文静拔刀击柱道："必当斩裴寂耳！"（《旧唐书·刘文静传》），刘文静有

一位小妾因失宠，便怨恨在心，让其哥哥向朝廷告发刘文静谋反。唐高祖李渊听信裴寂谗言，将刘文静、刘文起一起处斩，抄没其家。刘文静可谓是因醉后吐怨言而致全家罹祸。

也有人因为醉酒，忘记了该说的话而被杀的。东晋的周颤嗜酒如命，多次因酒醉失仪被有司所弹劾。大将军王敦叛乱时，其兄王导前往宫门谢罪。王导向要进宫的周颤求救道："伯仁，以百口累卿！""伯仁"是周颤的字，王导的意思是请您多多向皇帝美言，我全家上百口性命全在您手里了！周颤没有理王导就直接进宫了，见到晋元帝后，周颤极力为王导开脱。晋元帝采纳了周颤的建议，没有追究王导的责任。由于周颤好酒，在宫中喝得大醉。等到出宫时，王导还在宫门口等待，王导询问周颤情况如何，周颤没有理会王导，只是对左右说："今年杀诸贼奴，取金印如斗大系肘！"（《晋书·周颤传》）王导认为周颤没有在皇帝面前替自己说话，遂怀恨在心。王敦杀进建康（今江苏南京）后，曾就周颤是否可用，征询王导的意见，王导三缄其口，最终周颤被害。周颤死在没有将已说的话告知对方。

军人酗酒，有贻误战机而被处斩或战死的。春秋时期，晋楚争霸，楚晋两军在鄢陵（今河南鄢陵）决战，楚军一时失利，楚共王眼睛受了伤。楚共王想重整旗鼓再战，让人找司马子反商讨对策，却发现司马子反饮酒至醉。自己眼睛受伤，司马子反酒醉，军中暂时无人堪当主帅，楚军只得退军，后楚共王将醉酒的司马子反处斩。元军围困金朝中都（今北京）时，御前经历官李英奉诏解救中都。金宣宗贞祐三年（1215）三月十六日，"英被酒，与大元兵遇于霸州北，大败，尽失所运粮。英死，士卒歼焉。庆寿、永锡军闻之，皆溃归"（《金史·李英传》）。李英因为醉酒，不仅葬送了自己的小命，还败军误国。当年五月，金朝中都被元军攻陷。

四　酗酒惹祸

酒后无德，在醉酒状态下，不少人管不住自己的言行，惹下诸多祸端。汉末的曹植【图3—3】、唐代的李景俭和南宋的韩璜，均因酗酒断送了自己的政治生命和前程。

"才高八斗"的曹植早年深得曹操喜爱，但曹植多次醉酒误事。一次，曹植醉后，胆大妄为，令人打开只有天子才能通行的司马门，驾车而出，曹操对曹植的这一违制行为深感失望。汉献帝建安二十四年（219），关羽围困曹仁于樊城。曹操任命曹植为南中郎将、征虏将军，想让他率军解樊城之围。可曹植却喝得大醉，曹操不得不撤回成命，改任他人。曹植饮酒不节，直接断送了自己的政治生命。

图3-3　《洛神赋图》中的曹植

唐代的李景俭恃才狂傲，多次因为醉后失言乱语而遭贬。唐穆宗时，李景俭官拜谏议大夫，酒后曾因轻侮中丞萧俛和学士段文昌，被贬为建州刺史。后来，好友元稹将李景俭从建州召回，重新任命为谏议大夫。李景俭丝毫不吸取前次被贬的教训，一次醉酒后闯入中书省，在大庭广众之下，当面训斥宰相王播、崔植、杜元颖的过失。事后，李景俭再次被贬。

宋高宗绍兴年间（1131—1162），广东经略安抚使王鈇官声不佳。韩璜被朝廷任命为广东提点刑狱，前往番禺（今广东广州）查办王鈇。王鈇家中有一妾，原为钱塘（今浙江杭州）娼妓，与韩璜有旧，深知韩璜喜爱饮酒，遂为王鈇设计脱困。韩璜一到番禺，王鈇极力邀请韩璜到别馆后堂饮宴。酒至半酣，小妾在帘后歌唱韩璜所赠之词。韩璜一听是旧日相好，急于相见。小妾要求韩璜喝满一大杯酒始出，结果韩璜喝了三四杯，小妾仍不肯出来。小妾引诱韩璜道："司谏曩在妾家，最善舞，今日能为妾舞一曲，即当出也。"（［宋］罗大经：《鹤林玉露》乙编卷六《韩璜廉按》）韩璜已经喝得大醉，即索换舞衫，涂抹粉墨，踉踉跄跄跳起舞来，忽然跌倒在地。王鈇将不省人事的韩璜送归，并大肆传播韩璜醉酒后的丑态。明日五更时分，韩璜酒也醒了，发觉舞衣在身，揽镜一照，更觉羞愧难当，无脸见人。由于醉酒的把柄握在对方手中，因此韩璜对王鈇之罪问也不敢问。韩璜由于醉酒失职，遭到弹劾被罢官。

南宋的陈亮因酒醉吃了官司，几遭不测。陈亮满怀爱国热情，曾三次上书论政，反对与金人议和，主张收复中原，深合宋孝宗之意。孝宗欲任命陈亮为官，陈亮不受，回归故乡永康(今浙江温州)。在家乡，陈亮生活落魄，经常醉酒。一次，陈亮又喝醉了，在酒宴之上口出狂言，语涉犯上。座中一人，平时就看不惯陈亮的狂傲，遂告陈亮图谋不轨。刑部侍郎何澹负责审理陈亮一案，他与陈亮早有过节。有一年科举考试，何澹担任主考官，没有录取陈亮，陈亮愤愤不平，说了不少何澹的坏话。何澹也不是个心胸宽广的君子，这次真是冤家路窄，遂不问青红皂白，将陈亮抓入大理寺牢狱，一番严刑拷打之后，陈亮被打得体无完肤，只得屈打成招。宋孝宗知道此事后，下旨道："秀才醉后妄言，何罪之有！"（《宋史·陈亮传》）经皇帝的搭救，陈亮方逃过一劫。

现代人因酗酒惹祸的也屡见不鲜。画家钟灵，曾因醉酒摔断了腕骨和几根肋骨。冯亦代喝酒，两次得了小中风，"幸而抢救及时，只落下一个左臂左腿不灵活的后遗症。这也是半生好酒所致，尽管减去多少生的乐趣，我也只能默忍。"冯亦代的一位酒友盛需，"可是他后来因喝酒误了事，被机关解职了，不知去向，我也从此少一酒友"（冯亦代：《喝酒的故事》，载吴祖光编《解忧集》，中外文化出版公司，1988年，第208—209、199页）。

最后告诫未婚的年轻人，千万别养成酗酒滋事的毛病，否则可能连媳妇也找不到。作家秦瘦鸥的晚辈中有一位酒德不好的青年人，"每饮必醉，每醉必狂歌痛哭，吵闹不休……次数多了，大家对他都感到头痛，正在和他谈恋爱的那位少女劝说几次无效，也只得向他说'拜拜'"（秦瘦鸥：《酒量与酒德》，载吴祖光编《解忧集》，中外文化出版公司，1988年，第70页）。

第四节　戒酒励志

人们戒酒的原因很多，明君多在臣子的规谏下戒酒，实现了国家的振兴。沉溺醉乡的百姓，也有深刻反思酒害，励志戒酒终名垂青史的。有些人戒酒，意志坚定，戒酒后涓滴不饮；也有人戒酒三心二意，屡次开戒复饮。甚至有人明言戒酒而实不戒的，明人陈镐嗜酒，将赴山东任督学，其父写信嘱其戒酒。陈镐不想戒酒，但父命难违，遂打制一酒碗，能容二斤，还在碗边刻上八字："父命戒酒，只饮三杯。"如此戒酒，徒增一笑耳。

一　明君戒酒

一些沉湎于曲蘖的明君在臣子的规谏下，亦有戒酒振作的，比较有名的有齐桓公、齐景公、楚庄王、齐威王、晋元帝等。

齐桓公是春秋时期第一个称霸的君主。他十分喜好饮酒，一次饮酒大醉，喝得连头上戴的冠掉落遗失了都不知道。先秦时期，上层贵族必戴冠冕，庶民百姓必戴巾帻，否则为失礼行为。齐桓公对自己醉酒遗冠的行为，感到十分羞愧，觉得无脸见臣子，三日不朝。大臣管仲对齐桓公说："此非有国之耻也，公胡其不雪之以政？"齐桓公为雪醉酒遗冠之耻，"因发仓囷，赐贫穷；论囹圄，出薄罪"。齐桓公的政策得到了老百姓的大力拥护，为之戏语道："公胡不复遗冠乎！"（《韩非子·难二》）齐桓公积极有为施政，终使齐国兵强马壮，成为春秋五霸之一。

齐景公亦十分喜爱饮酒，曾连饮七天七夜。大臣弦章冒死上谏，说您如果不想戒酒，就赐死我算了。齐景公是个明白事理的君主，他既想治国理政，又想贪图享乐。一时不想戒酒，就打发弦章回去了。大臣晏婴听说后，亦觐见齐景公。齐景公对晏婴说，弦章上谏要求自己戒酒，如果听从规谏的话，自己就失去了饮酒的乐趣；如果不听规谏的话，弦章又要寻死觅活，这可怎么办是好呢？晏婴说，弦章遇到您这样贤明的国君，真是一件幸事啊。如果遇到夏桀、殷纣，还要谏规戒酒的话，恐怕早就没命了。齐景公听了晏婴的话后，深以桀纣纵酒亡国为教训，遂果断戒酒。

楚庄王是春秋时期另一位称霸的君主。楚庄王登基后，不施政令，白日游猎，晚上纵酒，如是者三年。右司马讽谏楚庄王道："有鸟止南方之阜，三年不翅，不飞不鸣，此为何名？"楚庄王知道这是讥讽自己纵酒不理国政，遂答道："三年不翅，将以长羽翼；不飞不鸣，将以观民则。虽无飞，飞必冲天；虽无鸣，鸣必惊人。子释之，不穀知之矣。"（《韩非子·喻老》）这就是成语"一鸣惊人"的故事。后来楚庄王发愤振作，改革国政，诛杀贪残，选拔人才，终于使楚国强大起来。

战国时期的齐威王，"喜隐，好为淫乐长夜之饮，沉湎不治，委政卿大夫"（《史记·滑稽列传》）。上行下效，百官荒乱，邻国入侵，国家到了危亡的关头。齐威王曾招卿士淳于髡饮酒，询问淳于髡的酒量。淳于髡说，自己饮一斗亦醉，饮一石亦醉，能饮多少要

看饮酒的具体环境。大王赐酒时，在执法官、御史的监督之下饮酒，不到一斗就醉了。侍奉父母的尊客饮酒，自己按礼节敬酒饮酒，不到二斗就醉了。和相好的朋友放开喝，自己能喝五六斗。座中有男有女，六博投壶，失礼不罚，自己能饮八斗。饮酒尽兴之后，堂上烛灭，主人单独留下自己，罗襦的带子都已解开，微微能够闻到对方的体香，这个时候能够饮一石。饮酒越多，越不受礼法的制约，"酒极则乱，乐极则悲。万事尽然，言不可极，极之而衰"（《史记·滑稽列传》）。齐威王很赞同淳于髡的饮酒言论，也明白这是淳于髡讽谏自己戒酒的，于是不再沉溺于长夜之饮，将精力集中于治理国家。诏令全国72个县的长官入朝奏事，奖赏一人，诛杀一人，官场为之一清，国内大治。又发兵御敌，诸侯惊恐，邻国纷纷将侵占的土地归还给齐国。在齐威王的统治之下，齐国威震四方。

魏晋时期，上下纵酒，一时成为风习。西晋皇室中，琅琊王司马睿亦好饮酒。西晋灭亡后，司马睿在王导等大臣的拥护下，在建康（今江苏南京）称帝，是为晋元帝。《世说新语》卷中《规箴》载："元帝过江犹好酒，王茂弘与帝有旧，常流涕谏。帝许之，命酌酒一酣，从是遂断。""茂弘"是王导的字。在王导的规谏之下，晋元帝司马睿从此戒酒，将精力用于治国理政方面，使晋朝原本岌岌可危的统治在江南重新稳定下来，开创了晋代中兴的局面。

二　名臣戒酒

历史上，一些名臣在未发达时，也曾沉溺于饮酒，后来幡然醒悟，痛下决心戒酒，终于干出一番轰轰烈烈的事业，名垂青史，比较著名的有曹魏的邴原、东晋的陶侃、宋代的岳飞和清代的张之洞。

　　邴原，字根矩，北海朱虚（今山东临朐东）人，被曹操辟为司空掾、丞相征事，代凉茂为五官将长史。邴原的酒量很大，与人酣饮，可以终日不醉。早年外出求学时，邴原唯恐饮酒"荒思废业"，故早早戒酒，"自行之后，八九年间，酒不向口。单步负笈，苦身持力"（《三国志·魏书·邴原传》注引《原别传》）。他先后师从陈留韩子助、颍川陈仲弓、汝南范孟博、涿郡卢子幹等人学习，师友们都没有见过邴原饮酒，还以为他不会饮酒呢。临别饯行时，方知邴原的酒量惊人。

　　陶侃，字士行，鄱阳（今江西都昌）人，官至侍中、太尉、荆江二州刺史、都督八州诸军事，封长沙郡公。陶侃年少时，因纵酒犯错，被父母严责，从此不敢醉酒。陶侃长大后，牢记父母的训戒，每次饮酒均有限量，常常饮未尽兴而限量已到，陶侃便不再喝。佐吏殷浩等人劝陶侃可再多喝点，陶侃道："年少曾有酒失，亡亲见约，故不敢逾。"（《晋书·陶侃传》）在酗酒盛行的魏晋时期，陶侃饮酒限量，时刻保持清醒的头脑是非常难得的，这也是他政绩卓著的重要原因。

　　岳飞，字鹏举，河南汤阴人，南宋著名抗金英雄。岳飞早年善饮，曾因喝酒误事，岳母对此十分生气，令岳飞戒酒。岳飞入伍抗金，成为一方主帅后，宋高宗担心主将醉酒贻误战机，也曾命令岳飞戒酒。岳飞在老母和皇帝的严令下，从此不再饮酒。他率领大军一心北伐抗金，曾与诸将相约："直抵黄龙府，与诸君痛饮耳!"（《宋史·岳飞传》）岳飞的意思是取得抗金胜利的那一天，再与大家痛痛快快地喝酒。

　　清代徐珂《清稗类钞·饮食类》"张文襄戒酒"条载，张之洞年少时沉溺于酒，喝醉后往往和衣而卧，将斗笠和屦靴等雨具胡乱

扔到床头上。张之洞酒醉之后，还好狂言说大话，周围的人都十分讨厌他。有一年科举考试，张之洞的族兄张之万进士及第，中了状元。此事对张之洞的触动很大，他对自己经常醉酒的行为感到十分羞愧，慨然曰："时不我待矣。"遂下决心戒酒，专心读书，攻取科名。同治二年（1863），27岁的张之洞中探花，授翰林院编修，最后官至体仁阁大学士，与曾国藩、李鸿章、左宗棠并称为"晚清中兴四大名臣"。

三 文士戒酒

古往今来，文人一直是嗜好饮酒的重要群体。不会饮酒的文士，还真不好意思承认自己还认得几箩筐斗大的字。在长期饮酒的过程中，一些文人深受酒害，亦有主动戒酒者。

唐代诗人陆龟蒙《自和次前韵》云："梦为怀山数，愁因戒酒浓。"夫子自道，谈了戒酒。陆龟蒙还写有一篇《中酒赋》，其中称："屈大夫之独醒，应难共语。阮校尉之连醉，不可同行……有醘卓擒伶之伍，我愿先登。有殗狄放杜之君，臣能执御。聿当拔酒树，平曲封，掊仲榼，碎尧锺。"表达了自己戒酒的决心。

北宋大文豪苏轼经常醉酒，也曾有戒酒的打算，他在《和陶止酒》中写道："劝我师渊明，力薄且为己。微馘坐杯酌，止酒则廖矣。望道虽未济，隐约见津涘。从今东坡室，不立杜康祀。"南宋豪放派词人辛弃疾填有《沁园春·将止酒戒酒杯使勿近》："杯汝来前，老子今朝，点检形骸。甚长年抱渴，咽如焦釜，于今喜睡，气似奔雷。汝说刘伶，古今达者，醉后何妨死便埋。浑如此，叹汝于知己，真少恩哉！更凭歌舞为媒。算合作平居鸩毒猜。况怨无大小，生于所爱，物无美恶，过则为灾。与汝成言，勿留亟退，吾力犹能肆汝杯。杯再拜，道麾之即去，招则须来。"以幽默的笔调写出了自己想戒酒，但又有点舍不得的矛盾心理。与辛弃疾犹犹豫豫的戒酒态度不同，南宋理学大家朱熹少年时即戒酒，改吃茶去了。

现代文人亦有励志戒酒者，民国文人梁实秋酒量颇豪，在青岛居住时，常呼朋聚饮。"三日一小饮，五日一大宴，豁拳行令，三十斤花雕一坛，一夕而罄。七名酒徒加上一位女史，正好八仙之数，乃自命为酒中八仙。有时且结伙远征，近则济南，远则南京、北京，不自谦抑，狂言'酒压胶济一带，拳打南北二京'，高自期许，俨然豪气干云的样子。当时作践了身体，这笔账日后要算。一日，胡适之先生过青岛小憩，在宴席上看到八仙过海的盛况大吃一惊，急忙取出他太太给他的一个金戒指，上面镌有'戒'字，戴在手上，表示免战。过后不久，胡先生就写信给我说：'看你们喝酒的样子，就知道青岛不宜久居，还是到北京来吧！'"（梁实秋《雅舍谈吃》，山东画报出版社，2005 年版，第 203—204 页）在胡适的劝诫下，梁实秋告别了醉生梦死的酗酒岁月，终成一代散文大家。

除了励志戒酒者，不少文人是因为"病酒"才戒酒的。清代康熙年间（1662—1722）钱塘（今浙江杭州）人叶仰之，"初嗜酒，醉辄嫚骂。已而病，涓滴不能饮"（《清稗类钞·饮食类》"叶仰之嗜茶酒"条）。民国年间，周作人的朋友钱龟竞，"晚年因为血压高，他不敢再喝了，曾手交一张酒誓给我，其文云："我从中华民国二十二年七月二日起，当天发誓，绝对戒酒，即对于周百药马凡将二氏亦不敷衍矣。恐后无凭，立此存照。钱龟竞。"（周作人：《我的酒友》，载夏晓虹、杨早编《酒人酒事》，三联书店，2012 年，第 310 页）现代作家老舍说，"去年，因医

治肠胃病，医生严嘱我戒酒。从去年十月到如今，我滴酒未入口。"（老舍：《戒酒》，载夏晓虹、杨早编《酒人酒事》，三联书店，2012年，第16页）

在"要命还是要酒"的选择上，有些文人毫不犹豫选择了"要命"戒酒，但也有些文人既想活命，又不想完全舍弃饮酒，于是在戒酒上打起了折扣。作家陆文夫从二十九喝到五十九，长年喝酒身体出了毛病，对待饮酒的态度是："酒，少喝点；命，少要点。如果能活到八十岁的话，七十五就行了，那五年反正也写不了小说，不如拿来换酒喝。"（陆文夫：《壶中日月长》，载吴祖光编《解忧集》，中外文化出版公司，1988年，第149页）画家钟灵，因为长年喝酒，年近古稀得了脑血栓，右半身不能如意行动。经过治疗，虽然大有好转，但遵医嘱要戒绝烈性酒。"白酒已无福消受，只好以啤酒、绍兴略慰寂寞，'善酿''加饭'固佳，'上海黄'也能凑合。"（钟灵：《举杯常无忌，下笔如有神》，载吴祖光编《解忧集》，中外文化出版公司，1988年，第49页）

因纵饮致病而戒酒，往往悔之晚矣。书法家范曾的大兄范恒，直到得了癌症才停止饮酒，"与酒告别的时候，他也快与生命告别了"（范曾：《干一杯，再干一杯》，载吴祖光编《解忧集》，中外文化出版公司，1988年，第168页）。为了不至于因饮酒生病而完全戒酒，还是平时多管住自己的嘴巴为好，每次饮酒最好"饮必止于半醉"（吴强：《醉话》，载吴祖光编《解忧集》，中外文化出版公司，1988年，第124页）。

四　庶民戒酒

戒酒成功者大有人在。清代时，南乐西乡某村有兄弟两个，哥哥嗜酒，弟弟滴酒不沾。附近元村十天四天有集，哥哥每逢一三六八集时，必到元村集上喝得大醉，还要再买一瓶酒回来，以便第二天饮用。一天，哥哥又喝得酩酊大醉，踉踉跄跄地从集上走回来，弟弟见了，就劝说哥哥以后还是少饮几杯为好。哥哥道："嫌吾饮酒费钱耶？吾自有酒禄耳。吾非不令尔饮，奈尔不能何！"弟弟对哥哥说："兄自费钱可矣，吾不忍再费也，何不能饮之有！"哥哥于是将带回来的酒瓶放在院中的砖台上，对弟弟说："试看尔饮。尔果能饮，则不饮诚为家计，吾之饮乃荒唐矣，自此当戒酒。"弟弟说，我忙着担水，没有时间坐在这里饮酒。遂从屋里拿出一只大碗，从瓶中倒了一斤酒，一饮而尽，就担水去了。担水回来，又倒了一大碗喝了，饮完又去担水。担水回来，又饮了一大碗，此时酒瓶已空，对哥哥说："此何难。"说完又担水去了。哥哥完全惊呆了，想到弟弟辛苦种田养家，而自己却经常荒唐醉酒，十分后悔，于是从此戒酒，涓滴不入口。弟弟后来劝哥哥说："饮不至醉，何妨饮。强断之，亦何苦。"哥哥回答道："吾见酒，便思尔。思及尔，则不能再饮矣。"（《清稗类钞·饮食类》"弟劝兄节酒"条）

对于戒酒，南乐弟弟说得特别好："饮不至醉，何妨饮。强断之，亦何苦。"对于已有饮酒习惯的老年人，反而不建议戒酒，因为遽然戒酒反而会致病，宋代石曼卿戒酒而亡的故事就是一个惨痛的教训。沈括《梦溪笔谈》卷九《人事一》载："石曼卿喜豪饮……未尝一日不醉。仁宗爱其才，尝对辅臣言，欲其戒酒，延年闻之。因不饮，遂成疾而卒。"

除饮酒助思、醉酒遁世、酗酒惹祸、戒酒励志外，有关的酒人酒事还有很多，如春秋时，管夷吾宴饮弃酒，秦穆公赐酒施惠，

楚庄王觞筹绝缨，夫差醉酒释勾践，勾践投醪激士气。战国时，鲁酒薄而邯郸围，赵国遭无妄之灾。西汉时，郦生叱吼见刘邦，樊哙酒怒鸿门宴，曹参治国常纵酒，刘章监酒杀贵戚，东方朔妙饮"不死酒"，卓文君当垆售美酒，陈孟公投辖狂起舞，若不解文载酒问扬雄。东汉时，曹孟德煮酒论英雄，关云长温酒斩华雄，孔融樽中酒不空，反驳酒禁遭厄难。三国时，钟会偷饮而不拜，孙济缊袍付酒债，郑泉生前愿乘百斛美酒甘脆之舟，死后愿葬陶家之侧化泥作酒壶。西晋时，王戎游旧地忆友黄公垆，姚馥嗜酒甘愿移封酒泉，胡毋辅之狗洞呼酒求饮，山简嗜酒倒载白接，乐广客杯弓蛇影心致疾。东晋时，比卓偷酒心愿持螯拍浮酒池了一生，张翰高论身后名不如眼前一杯酒，阮脩嗜酒杖头常挂一百钱。北周时，长孙澄喜观人酣饮。北齐时，李元忠拥被独对酌。唐代时，王绩醉酒不恋官，马周独酌醪濯足，武后醉后贬牡丹，苏颋醉呕金銮殿，贺知章金龟换酒。北宋时，赵匡胤杯酒释兵权，宋真宗天子好饮客，鲁宗道饮酒不欺君，石延年豪饮怪酒癖，刘伯寿骑牛倾壶饮，苏舜钦下酒有《汉书》。南宋时，辛弃疾香醪宴刘过，赵温叔海量受重用。明代时，朱元璋引酒入谋略，曾子棨海量酒状元，唐伯虎戏诗闹酒宴，张梦晋行乞索酒醉，徐文长妙语得美酒，姜正学酒醉治石印，陈朗生岸傲称酒狂。清代时，武恬嗜酒佯装疯狂，曹雪芹卖画还酒债，张问陶把盏定疑案，路闰生课徒识清浊，董小宛戒酒嗜茶饮，李鸿章德舰饮古酒。这些酒人酒事，或反映酒人的豁达与智慧，或反映人性的善良与丑恶，其因酒促谊、因酒壮志的行为值得后人大力弘扬，其因酒放纵、因酒致祸的教训也值得后人深思。

第四章　人神共歆：酒之为用

　　酒之为用，大矣哉！《汉书·食货志》云："酒者，天之美禄，帝王所以颐养天下，享祀祈福，扶衰养疾。百礼之会，非酒不行。"酒用于敬奉保佑自己的祖宗和神灵，酒是沟通天人的一种媒介。好客是中华民族的一项传统美德，人们用酒招待宾客，故"朋友来了有好酒"到处传唱。中国被称为礼仪之邦，吉、凶、军、宾、嘉等礼，皆为聚人聚宾的仪式，礼与酒密不可分，故有"无酒不成礼"之说。中国人的节日，一定闻得到酒的芳香，人们在飞觞庆贺之时，也往往以酒醴祀神祭祖。酒在养生疗疾方面，也可发挥大用，以至于有"酒是粮食精，越喝越年轻"之说。

第一节　沟通天人

以最精美丰洁的饮食祭神祈福是中国古人的常见行为。酒在中国古人的心目中，是一种神奇的圣液。世间的凡人以酒为祭品，企图沟通与天上的神灵和地下的列祖列宗之间的联系，期冀获得保佑和赐福。

一　酒祭起源

酒祭的起源很早，在殷商时期就已很普遍了。商人好酒又好鬼，在殷墟甲骨文中，有大量以酒祭祀神灵、祖先的记载。如"癸未贞，甲申酒出入日，岁三牛。兹用"（《小屯南地甲骨》890）这是用酒祭祀太阳神。"戊午卜，宾，贞酒年于岳、河、夔"（《甲骨文合集》10076）。这是用酒祭祀山川自然神岳、河、夔。"癸亥卜，酒上甲"（《甲骨文合集》1192）。这是用酒祭祀祖先上甲。在传世文献中，也有商人酒祭的记载，如《诗经·商颂·烈祖》云："既载清酤，赉我思成。"意谓用清酒祭祀先祖，保佑我心想事成。

商代祭祀用酒的种类很多。"癸未卜，贞醄豊，惟有酉用。十二月。"（《甲骨文合集》15818）"醄"是用束茅过滤过的清醴酒，

"豊"是未用束茅过滤过的浊醴酒，"酉"则是普通的陈贮酒。"贞醻豊，惟有酉用"，是通过占卜询问：是用醻酒做祭品，还是用醴酒做祭品？通过占卜，选用普通的陈贮酒做祭品。这则卜辞说明，在殷商时期，无论是过滤过的清醴酒、未过滤的浊醴酒，还是普通的陈贮酒，均可用于祭祀。

除豊和普通的陈贮酒外，商代贵族更多地用鬯祭神祀先。"鬯是用黍酿制的酒，在商代属于高档酒，为统治阶级所专享，大都用于重要礼仪场合，且每以'若干卣'为其容量计量单位"（宋镇豪：《中国风俗通史·夏商卷》，上海文艺出版社，2001 年，第 170 页）。鬯又有秬鬯、郁鬯之分，前者用黑黍米酿制而成，后者在其基础上临时调入郁金香草的汁液，使其更为芳香。

作为祭品，酒与肉、馒头、饭等的最终归宿是不相同的。肉、馒头、饭等祭品，在祭神祀祖后，多被众人分而食之。祭祀用酒，则是倾洒于地，参祭众人是不能和被祭的神灵祖先共享"酒福"的。

殷商时期，以酒祭祀，需用到卣、觚、爵等一整套礼器。其中，卣以盛酒，觚以斟酒，爵以醊酒。有学者认为："爵在作为礼器的过程中也兼有实用的功能，即在祭祀礼仪过程中要用来作为饮酒器。"（胡洪琼：《汉字中的酒具》，人民出版社，2018 年版，第 21 页）祭祀用的酒是给神喝的，而不是给人喝的，爵作为祭祀礼仪过程中的饮酒器，作用只能是将酒倾洒于地，即醊酒。商代的青铜爵，有可执的鋬手，有长流，从器形设计上看，极便于醊酒。

在偃师二里头文化遗址中，亦出土有长流的青铜爵【图 4—1】。一般认为，二里头文化是比殷商更早的夏文化，以青铜爵的作用推论，中国酒祭的起源当在夏代。

二　酒祭传承

周人吸收了商人好酒亡国的教训，颁布《酒诰》对贵族庶民的饮酒活动严加控制。对以酒祭祀神灵祖先，周人是允许并提倡的，《酒诰》称"饮惟祀"，即祭祀时人们可以饮酒。严格说来，是祭祀神

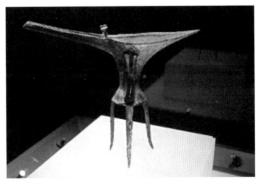

图4-1　偃师二里头文化遗址出土的青铜爵

灵祖先之后，人们方可饮用祭祀余下的酒。参加祭祀的人，是沾了神灵祖先的光，方能有此"酒福"。在成语"画蛇添足"的故事中，大家画蛇争饮的，正是楚国贵族春季祭祀祖宗余下的一卮酒（《战国策·齐策二》）。

周人是酒祭文化的优秀传承者，他们发扬光大了酒祭。在周王室中，设有专门管理祭祀用酒的"酒人"。周王室的祭祀用酒种类众多，《周礼·天官·酒正》称："凡祭祀，以法共五齐三酒，以实八尊。""五齐三酒"是周王室祭祀用酒的总称。

所谓"五齐"，"一曰泛齐，二曰醴齐，三曰盎齐，四曰缇齐，五曰沈齐"（《周礼·天官·酒正》）。东汉经学大师郑玄将"五齐"解释为五种清浊程度不同的酒，为后世不少学者所沿用。现代有些学者将"五齐"解释为"酿酒过程中所观察到的五个阶段"（徐海荣主编：《中国饮食史》卷二，华夏出版社，1999年，第63页）。

所谓"三酒"，"一曰事酒，二曰昔酒，三曰清酒"（《周礼·天官·酒正》）。按东汉郑玄的解释，"事酒，酌有事者之酒；昔酒，则今之醳酒也"。"有事者"即主祭的祭司们，他们喝的"事酒"

是甜甜的醴酒。由于醴酒的酒精度数较低，可以保证祭司们头脑清醒，不致乱了祭神祀祖的礼数。"昔酒"是久酿而熟的陈酒，酒精度数稍高，供陪祭的贵族饮用。"清酒"则是过滤过的品质最高的酒，是供神享用的。《诗经·小雅·信南山》云："祭以清酒，从以骍牡，享于祖考。"

"五齐三酒"中，既有给人喝的酒，也有给神喝的酒。祭祀用酒的主旨是请神喝酒，但人们总不忘沾神的光，将《酒诰》中的"饮惟祀"发扬光大为"祀必饮"。人们喝的酒，不再是祭余之酒，而是额外准备之酒。不过，请神喝的酒总要贵重些。周王室的酹神之清酒，仍用束茅过滤。"束茅"又称"包茅"，以南方楚国所产为最佳。春秋初年，齐桓公征楚，一个重要的借口就是"尔贡包茅不入，王祭不共，无以缩酒"（《左传·僖公四年》）。意思是你楚国不向天子贡献包茅，搞得王室无法滤酒，周王不能以清酒祭祀祖宗神灵，你小子是不是该打！

周人对酒祭传统的发扬光大，不仅表现在祭祀用酒品类的增多上，还表现在酒祭的具体规范上。《周礼·天官·酒正》载："大祭三贰，中祭再贰，小祭壹贰，皆有酌数。唯齐酒不贰，皆有器量。""这里的'贰'，即幅，是指酒器的数量。大祭为祭天地，中祭为祭宗庙，小祭为祭五祀。"（杜景华：《中国酒文化》，新华出版社，1993年版，第24页）周代的一般贵族在家祭祀时，所用酒类也十分讲究，《礼记·礼运》载："故玄酒在室，醴盏在户，粢醍在堂，澄酒在下……以降上神及其先祖。"

周代以降，无论酒类如何发展变换，人们以酒敬神祭祖时，必须以酒酹地。如民国年间山西翼城县在春节清晨祭祀时，"杂陈肴馔、酒、枣、柿饼、胡桃、梨于天地、灶、门、土地各神前，

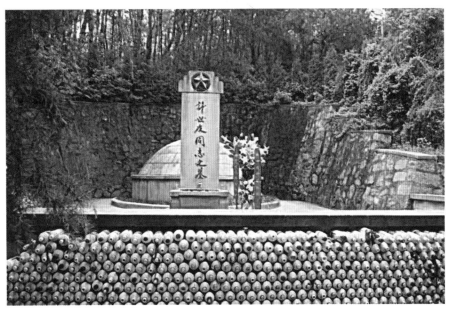

图4-2　许世友墓前的茅台酒瓶（河南新县焦汉平摄）

上香奠酒，化纸礼拜，名曰'接神'"（民国十八年《翼城县志·岁时民俗》）。"奠酒"即是将酒倾倒于地的酹酒。直至今日，仍可见到人们酹酒的遗风，如许世友将军生前爱喝茅台酒，人们清明节祭祀这位将军时，多以茅台酹酒，以致其墓前的茅台酒瓶层层垒垒若矮墙【图4—2】。范曾的兄长范恒在"文革"中去世，"十多年后，我去他简陋的墓前，酒下的是最好的茅台"（范曾：《干一杯，再干一杯》，载吴祖光编《解忧集》，中外文化出版公司，1988年，第168页）。

人们在祭祷江河时，则以酒酹水，如北宋苏轼《念奴娇·赤壁怀古》所言："人生如梦，一樽还酹江月。"

由于是一项隆重的祭礼，酹酒还有一定的规式。在北方黄河流域，酹酒时"必须恭敬肃容，手擎杯盏，默念祷词，然后将酒分倾

三点，最后将余酒洒一半圆形"（薛麦喜主编：《黄河文化丛书·民食卷》，山西人民出版社，2001年，第313页）。三点一半圆，勾勒出一个"心"字，表示醮酒者的一片诚心。

边疆少数民族的酒祭亦为醮酒，不过规式各有不同。如西南的瑶族祭祀时，"先拿出一些纸币和表册烧燃，在点燃之前先洒上酒，火烧着后，由司祭高声朗读咒文，一边投著草卜卦，等到供品、纸币、表册等都燃成灰后，司祭又在上面倒一些酒，以示虔敬和仪式完毕"（杜景华：《中国酒文化》，新华出版社，1993年，第29页）。

三 酒祭变异

在漫长的传承过程中，酒祭也发生着一些变异。以祭祀灶神为例，汉唐时期，盛行腊日祭灶，祭灶多用牲酒，如南朝萧梁宗懔《荆楚岁时记》载："十二月八日为腊日……其日，并以豚酒祭灶神。"可以想见，祭灶所用之酒为酒液，当采取醮酒的方式祭祀灶君。晚唐至南宋后期，流行腊月二十四"小年"祭灶。唐末李绰《辇下岁时记·灶灯》载，人们在"小年"晚上祭灶时，"以酒糟抹于灶门之上，谓之'醉司命'"。孟元老《东京梦华录》卷十《十二月》载，北宋东京（今河南开封）市民在"小年"祭灶时，"以酒糟涂抹灶门，谓之'醉司命'"。此时，祭灶之"酒"由前代的酒液变异为酒糟，形式也由传统的醮酒转变为抹酒糟于灶门。不仅如此，酒祭的目的也发生了重大变化，"酒不再成为娱神的饮料，而成为愚神的麻醉剂，其作用是让灶神吃足喝饱，醉醺醺地上天，糊糊涂涂地交差了事"（刘朴兵：《中国民间的灶神与祭灶》，《亚洲研究》总第59期[2019年]）。

受肉、馒头、饭等祭品采取"摆供"祭祀的影响，民间也有将酒倾入杯中，一起上供的。如民国年间山西翼城县在春节清晨祭祀时，"次设祖宗木主于寝室，供以牲醴、果品、面食之属"（民国十八年《翼城县志·岁时民俗》）。"牲醴"是指祭祀用的肉和酒，用"供"字修饰，说明是将酒杯（或酒碗）摆供于桌案之上，而非醊酒于地。摆供于桌案的酒，一样可以让神灵和祖先闻到祭酒的馨香，祭祀完毕后人们仍可继续享用，可谓酒祭的形式文明进化了。

若以不开封的整瓶酒进行祭祀，却是于"礼"不合了，也不符合让被祭者一品酒香的道理。在现实生活中，用整酒瓶进行祭祀的还真存在，许世友将军墓前的茅台酒瓶墙中，就有不少尚未开封的整酒茅台酒。猜想一下，将军若地下有知，当暴跳如雷吧！

周初《酒诰》规定"饮惟祀"，爱酒的君子们将其发扬光大为"祀必饮"。后世嗜酒的酒徒们并不满足于此，总爱打着酒祭的旗号，千方百计地让自己饮酒。饮酒之前，只要先醊酒敬神，自己便可心安。于是，饮酒先醊渐渐成为中国人饮酒的习俗。北宋的大文豪苏轼"一樽还醊江月"，是自己想饮酒了，才想到去"醊江月"！古代不少民族也有饮酒先醊的习俗，如宋人赵珙《蒙鞑备录》载，蒙古族人"凡饮酒，先醊之，以祭天地"。

唐宋时期流行的"蘸甲"习俗是饮酒先醊的简化程序。"蘸甲"是饮酒或敬酒之前，先用右手无名指伸入酒杯中略蘸一下，向天地弹出酒滴，以示敬意。用现代的眼光来看，这种做法极不卫生，然而当时却大为风行。唐诗中不乏描写"蘸甲"习俗的，如刘禹锡《和乐天以镜换酒》云："颦眉厌老终难去，蘸甲须欢便到来。"张孜《雪诗》云："暖手调金丝，蘸甲斟琼液。"韦庄《中酒》云："南邻酒熟爱相招，蘸甲倾来绿满瓢。"宋代也写有不少

反映"蘸甲"的诗句，如徐铉《梦游》（其二）云："蘸甲递觞纤似玉，含词忍笑腻于檀。"高登《思归》云："流匙白云子，蘸甲黄鹅儿。"陈履常《和苏公洞庭春色》云："定须笑美人，蘸甲不濡口。"

在现代，仍可见到饮酒"蘸甲"的遗风。河南作家李凖回忆说，他家乡宝丰县的一位理发师蔡老三每天都要喝二两酒，"在喝酒以前总是先用无名指在酒杯蘸一下弹在地上，以表示对鬼神的尊敬"（李凖：《酉日说酒》，载吴祖光编《解忧集》，中外文化出版公司，1988年，第270页）。边疆地区的少数民族也有饮前"蘸甲"的，在湘黔一带的苗族人饮酒时，由席中最尊的长辈，用手指蘸酒，对天地弹酒，然后才能开怀畅饮。北方的蒙古族在敬酒时，当主宾不能饮酒时，主人要再唱劝酒歌或微笑表示谢意，以右手无名指蘸酒，敬天敬地敬祖宗，施礼示敬或稍饮一点。

第二节　敬宾成礼

中国有句俗语称："无酒不成礼。"意谓婚丧嫁娶、生育做寿、接风饯行、各种庆典等礼仪活动，大多不可缺少酒。日常家居，"客至，肴馔不必精美，若无酒以供……人辄以为慢客"（同治十一年《会昌县志·生活民俗》）。在举行重大礼仪活动时，主人更要以酒款待客人。筵席上无酒，是一种极其失礼的行为，故有"无酒不成筵""无酒不成席"之说。

一、生育贺酒

"不孝有三，无后为大"（《孟子·离娄上》），生育历来在中国人的思想观念中占有非常重要的地位。春秋末年，越国勾践为鼓励人民生育，采取奖励酒肉的政策，"生丈夫，二壶酒，一犬；生女子，二壶酒，一豚"（《国语·越语上》）。

民间习俗，在小孩子出生后的三日和满月、百日、周岁时，生子之家往往举行饮宴，以示庆贺。宴饮的名目各不相同，三日宴请的称"洗三朝"，满月宴请的称"满月酒"，百日宴请的称"百岁酒"，周岁宴请的称"周岁酒"，其中"满月酒"，尤其头胎是儿子

图4-3 蛋酒

的"满月酒"最受人们的重视。

来喝"满月酒"的宾客，不仅有成年男子，更多的是妇女内眷。参加宴会的妇女儿童，多重吃不重喝，为了满足她们的特殊饮食需要，南方不少地方采用酒精度数较低的甜醪待客，如湖南永绥，"初生，戚友闻而贺者，以酒醪煮鸡子款之"（宣统元年《永绥厅志·礼仪民俗》）。"鸡子"即鸡蛋，这种用酒醪煮的鸡蛋，又被称为"蛋酒"【图4—3】或"蛋花米酒"。"蛋酒"甜甜糯糯，多数妇女小孩都喜欢喝。

南方亦有用"姜酒"款待贺客者，"姜酒"虽带酒字，但实际上并非酒，它是以陈醋煮的醋姜，连醋带姜一并用酒坛储藏，故名"姜酒"。由于产妇体虚，食用醋姜，有利于身体恢复。贺客们沾了产妇的光，也可一尝醋姜，"生子弥月，聚亲朋宗族以饮，必设醋姜，谓之'饮姜酒'"（光绪十六年《花县志·礼仪民俗》）。产妇的娘家人是最重要的宾客，享有首先品尝"姜酒"的特权，在广东乐昌县，小孩子一生下来，"以姜及酒肉赠外家，曰'送姜酒'。弥月宴客，曰'饮姜酒'"（民国二十年《乐昌县志·礼仪民俗》）。

图4-4 姜酒鸡

在广西桂平，人们又将满月宴客称为"饮鸡酒"，这是因为鸡也是产妇"坐月子"时进补的大宗之物。产妇所食之鸡，多用老姜、米酒和芝麻香油一起煮制，故又称"姜酒鸡"【图4—4】。台湾地区妇女"坐月子"也要吃这种煮鸡，不过名字改为"麻油酒鸡"。

二　婚庆喜酒

婚礼是古代中国之"五礼"（嘉礼、吉礼、军礼、宾礼、凶礼）中的"吉礼"，也是最受人们重视的人生礼仪习俗。

在《仪礼·士婚礼》所载传统婚仪"六礼"（纳采、问名、纳吉、纳征、请期、亲迎）中，"问名"和"亲迎"多次用到醴、玄酒（水）和酒，用到的酒具有觯、尊、爵、勺和卺。其中，卺为一匏瓜（瓠，葫芦）分成的两个瓢，因未用时两瓢合在一起盛于笲内，所以叫"合卺"。

卺为新婚夫妇行"合卺礼"（后世称"喝交杯酒"）所设的专门酒具，婚礼用卺的含义十分丰富。清人张梦元《原起汇抄》卷十五云："匏苦不可食，用之以饮，喻夫妇当同辛苦也；匏，八音之一，笙竽用之，喻音韵调合，即如琴瑟之好合也。"即匏的味道很苦，新婚夫妇用匏瓢一同饮酒，可提示他们今后夫妻应当同甘共苦。匏还用于制作笙、竽之类的乐器，是古代的"八音"之一，婚礼用匏，有音韵调合之意，祝福新婚夫妇生活美满和谐，琴瑟合鸣。高启安认为："婚礼用瓠最早之义可能与生殖崇拜有关。在许多民族中，瓠均为女性生殖器之象征。合卺时专门破瓠为瓢，让新人用瓢来共同喝酒，其象征意义不言自明。"（**高启安：《唐五代敦煌饮食文化研究》，民族出版社，2004 年，第 279 页**）另外，葫芦多子，婚礼用匏，也寓意新婚夫妇婚后多育子女。后世贵族婚礼行"合卺礼"时，有用金玉等材质做成的合卺联体杯的【图 4—5】【图 4—6】。庶民百姓无瓢时，多用普通酒盏代替，使用时用五彩丝线或红丝线将两个酒盏连在一起。

秦汉以后，婚仪"六礼"随着时代的发展而有所变易，但酒在

图4-5　西汉鎏金合卺联体杯　　　　图4-6　白玉合卺联体杯

其中的作用并没有减弱。以孟元老《东京梦华录》卷五《娶妇》所载北宋末年东京开封的婚仪为例，男女双方议亲时，男方家人要送"许口酒"给女家，许口酒"以络盛酒瓶，装以大花八朵，罗绢生色或银胜八枚，又以花红缴檐上，谓之'缴檐红'"。女家的回礼是"以淡水二瓶，活鱼三五个，箸一双，悉送在元酒瓶内，谓之'回鱼箸'"。亲迎前一日，"女家亲人有茶酒利市之类"。新妇入门后，送新娘的女客急急忙忙喝完男家准备的三盏酒退走，谓之"走送"。众宾客就筵前饮三杯酒后，新郎穿戴整齐，在中堂榻上放一把椅子，"先媒氏请，次姨氏或妗氏请，各斟一杯饮之；次丈母请，方下坐"。撒帐、合髻（结发）仪式后，人们用彩帛将两只酒盏结起来，让新郎新娘互饮一盏，称"交杯酒"。饮后，将两只酒盏一仰一合投掷于床下。这象征着天翻地覆，夫妻阴阳和谐。行完诸礼后，"参谢诸亲，复就坐饮酒"。

　　近代以来，在大部分地区，除新郎、新娘同饮"交杯酒"外，酒在婚礼中的象征意义大为减少，供宾客饮用的实用功能却大大增加。在婚宴中，酒是花费钱财的大宗之物。即使是至贫之家，举行婚礼之前，也要将备酒作为一件隆重的事情来做。如路遥的《平凡的世界》中，穷小伙孙少安结婚时，专门去了趟石圪节供销社，"买了十来瓶廉价的瓶装酒和五条纸烟"（路遥：《平凡的世界》上，人民文学出版社，2006年，第264页）。

在民间的各类宴席中，当数婚宴最为隆重、热闹。一些地方的婚宴规模往往很大，清末河南永城县举行婚礼时，"亲友会饮，常二三百席。百余席，数十席即为俭约。每席碟十三、碗十，看馔所费约七八百，仍以酒、馍为大宗"（光绪二十九年《永城县志·礼仪民俗》）。民国年间的山西临汾县，"请客、款客、酬客，动辄三日，所费不赀，以致中人之家不敢轻言婚事"（民国二十二年《临汾县志·礼仪民俗》）。

近代以前，婚礼、婚宴皆在家中举办。近代以来，"更有家中不结一彩，不悬一灯，一切布置统假城内饭庄行之"（民国二十二年《临汾县志·礼仪民俗》）。大致而言，市民多在饭店中举行婚礼、婚宴，乡村的农民则按传统习俗在家中宴客。路遥的《平凡的世界》中，县城的李向前和田润叶结婚，婚礼、婚宴皆在县招待所的大餐厅里举行，而农民孙少安和顾秀莲结婚，则在家中待客。城市居民在饭店宴客时，新婚夫妇往往在一位长者的陪同介绍下，逐桌给客人敬酒。农民在家中待客时，新娘子多不需要出面敬酒。近几年，随着农村社会经济的发展，农村结婚也逐渐流行在饭店待客了。

三　生日寿酒

中国人做寿的习俗，可以追溯到春秋战国时期的"献酒上寿"

图4-7　汉高祖刘邦像

活动。汉代时，"献酒上寿"仍十分流行，如刘邦【图4-7】曾在酒宴上"奉玉卮为太上皇寿"（《汉书·高祖纪》）。王邑父事娄护，在宴会上对娄护称"贱子上寿"（《汉书·游侠传》）。汉代以前，酒宴上的"献酒上寿"虽含有祝贺年长者健康长寿的意思，但并不一定和生日有关。

中国的生日庆贺活动始于南朝时期，是从庆祝儿童生日开始的。北齐颜之推《颜氏家训》卷上《风操篇六》载："江南风俗，儿生一期，为制新衣……亲表聚集，致宴享焉。自兹已后，二亲若在，每至此日，尝有酒食之事耳。"

初唐时，民间庆贺生日已经比较普遍，但宫廷仍斥生日宴乐为不经行为。唐代宫廷的生日祝寿始于景龙三年（709）十一月十五日给唐中宗过生日。开元十七年（729）八月五日，唐玄宗生日时，"左丞相源乾曜、右丞相张说等，上表请以是日为千秋节，著之甲令，布于天下，咸令休假。群臣当以是日进万寿酒……村社作寿酒宴乐，名赛白帝，报田神。制曰可。"（[宋]王溥：《唐会要》卷二九《节日》）此后，在皇帝生日设立"诞节"（又称"圣节"），并在全国范围举行庆祝活动，逐渐成为惯例。有学者认为，"诞节的出现一方面受到了当时民间盛行的庆祝生日风俗的影响，同时也是封建皇帝个人崇拜强化的一种表现。"（吴玉贵：《中国风俗通史·隋唐五代卷》，上海文艺出版社，2001年，第642页）

宋代时，人们多把"诞节"称为"圣节"，宋代的每位皇帝都立有"圣节"，一些太后也立有"圣节"。为庆贺帝后"圣节"，宋代宫廷都要举行大规模的宴饮活动。宋人孟元老《东京梦华录》卷九《宰执亲王宗室百官入内上寿》记载了庆贺宋徽宗【图4—8】"天宁节"的宫中寿宴，宴会采取按巡饮酒的方式进行，共进行了九巡，每一次巡酒众人都要饮酒一盏，在巡酒时还穿插有歌舞、百戏的演出。

图4-8　宋徽宗《听琴图》（北京故宫博物院藏）

受皇帝庆寿的影响，中唐以后民间庆贺生日之风渐盛。生日宴乐开始被人们普遍接受，唐人封演《封氏闻见记》卷四《降诞》称："近代风俗，人子在膝下，每生日有酒食之会。"宋代时，民间做寿之风已广泛流行。每年老人生日时，有条件的人家都要布置寿堂，子孙拜寿，同饮寿酒。

明清时期是中国历史上最讲究祝寿的时期，"从经济比较富裕的江南到边区省份，地不分东西南北，莫不庆寿……明清的庆寿文化，在文化及经济面上，呈现出高度的发展"（邱仲麟：《诞日称觞——明清社会的庆寿文化》，载蒲慕州主编《生活与文化》，中国大百科全书出版社，2005年，第490页）。明人做寿，以经济文化发达的京师和江南地区最为重视。做寿的年龄，一般从五十岁开始，以后逢十必庆，年龄越大，庆寿活动越隆重。明代中叶以后，在江南地区开始流行四十岁就做寿的习俗，如陈继儒《晚香堂集》

卷七载，明神宗万历四十二年（1614），项孟璜四十岁生日时，相好文友"酌大斗，寿之堂"。这种四五十岁即做寿的风气，一直延续到明末清初。

清人做寿，仍以京师和江南地区最为流行。在士大夫中有四十岁即做寿的，如权臣和珅，在乾隆五十四年（1789）做了四十寿庆。清代有些士人，甚至二三十岁即有做寿的，如康熙年间（1662—1722），有霍子厚者，二十岁生日时，宾客相贺，"称觞燕饮"（[清] 林璐：《岁寒堂存稿·赠霍子厚序》）。但大多数庶民百姓，庆寿是从五十岁，甚至六十岁才开始的。在全国绝大多数地区重视逢十做寿，而在岭南和江西宁都等地则重视逢一做寿。

民国以来，为老年人做寿的习俗仍然流行。做寿的年龄一般从六十岁开始，故民间有"不到六十不做寿"之说。1946 年 11 月 30 日朱德六十岁生日时，中国共产党驻上海办事处在马思南路邀请各界民主人士为其祝寿。

除了逢十的大寿普遍受到人们的重视外，人们也重视六十六、七十三、八十四等岁的寿诞。

四　居丧禁酒

丧礼属于传统"五礼"中的"凶礼"，在《仪礼·士丧礼》繁文缛节的规定中，多次提到了使用醴和酒。对于居丧的孝子，儒家则要求"茹素"，即不饮酒、不食肉。孔子认为："夫君子之居丧，食旨不甘……故不为也。"（《论语·阳货》）酒肉属于甘旨之食，故不食以示哀戚。

汉武帝"罢黜百家，独尊儒术"后，儒家思想成为中国古代社会的正统思想，汉代统治者标榜以孝治国，人们多遵奉居丧不饮酒的礼制。东汉后期，宦官、外戚擅权，"君君臣臣"的儒家政治理论遭到严重破坏。汝南人戴良，居母丧时食肉饮酒，打破了居丧禁酒的礼制束缚。

魏晋时期，嵇康提出"越名教而任自然"（嵇康《释私论》），居丧饮酒者不乏其人，最著名者当属阮籍。刘义庆《世说新语》卷下《任诞》载："阮籍当葬母，蒸一肥豚，饮酒二斗，然后临决"，"阮步兵丧母，裴令公往吊之。阮方醉，散发坐床，箕踞不哭。"

隋唐结束南北分裂、东西对峙的局面，建立了统一的大帝国，重塑儒家礼制的权威，人们多遵奉古礼，居丧不饮酒。但也有一些人并不遵守传统的丧葬礼法，"亦有送葬之时，共为欢饮，递相酬劝，酣醉始归。"（[宋] 王溥：《唐会要》卷二三《寒食拜扫》）对居丧饮酒的行为，唐代社会舆论往往予以谴责，政府对居丧宴饮的官员也多加惩罚。如唐宪宗元和十二年（817），驸马都尉于季友居嫡母丧，与进士刘师服欢宴夜饮，"季友削官爵，笞四十，忠州安置；师服笞四十，配流连州"（[后晋] 刘昫等：《旧唐书》卷一五《宪宗纪下》）。

与唐代相比，宋人居丧饮酒、参加宴饮的现象更为普遍，宋人司马光《不饮酒食肉》称："今之士大夫，居丧食肉饮酒无异平日，又相从宴集，腼然无愧，人亦恬不为怪。礼俗之坏，习以为常。悲夫！乃至鄙野之人，或初丧未敛，亲朋则赍酒馔往劳之，主人亦自备酒馔，相与饮啜，醉饱连日。及葬，亦如之。"对于坚持礼法，居丧茹素，不饮酒、不食肉的楷模，官方多予以表彰。宋代士大夫们也致力于制定各种丧葬礼仪，大力倡导居丧"茹素"的社会风气，最著名者当属南宋朱熹制定的《家礼》【图4—9】。

宋代以后，居丧饮酒与否，全国各地不一。少数地方仍保持着居丧禁酒的古礼，如山西代州"居丧待客及会葬者，只设豆粥、蔬

图4-9　《朱子家礼》书影

食，不用酒肉"（乾隆四十九年《代州志·礼仪民俗》）。但也有一些州县，"亲族赙奠者设酒馔待之，孝子亦饮酒食肉如平时"（民国七年《商水县志·礼仪民俗》）。就不同的社会阶层而言，普通民众对于居丧饮酒不以为怪，但一些文人士大夫对这种违礼行为感到痛心疾首，"夫坏礼之端非一，而酒席之失滋甚。凡来奠者，皆骨肉之亲也，谊当哀戚与同，而乃纠朋引类，浮白飞觞叫号乎？……深杯大嚼之间，宁复知亲丧之在侧……害礼伤教，莫此为甚"（康熙三十二年《内乡县志·礼仪民俗》）。不少文人士大夫恪守礼制，"燕客设素馔，不用荤酒，孝子终丧不御酒肉"（民国三年《项城县志·礼仪民俗》），为社会做出表率。

今天，在中国大多数地区，居丧待客可用肉，但仍不用酒。如果用酒，每席仅上一壶或一瓶，饮完为止。饮酒时，禁止敬酒和喧哗行酒令。

五　其他礼酒

除生育、婚庆、做寿、丧祭等人生礼仪活动外，外出饯行、将士出征、洗尘接风、凯旋庆功、升官烧尾、中举谢师、义结金兰、拜认干亲、机构开业、盖房上梁、乔迁暖房、寿棺合木等仪式，人们也多设宴饮酒。

1. 饯行酒

出门远行，亲戚朋友多设酒饯行，祝其一路顺风。饯行酒的起源很早，战国后期，荆轲西去刺秦王，在易水之上，燕国太子丹设酒宴为其饯行，荆轲唱出了"风萧萧兮易水寒，壮士一去兮不复还"（《战国策·燕策三》）的千古名句。唐诗中有不少送别诗，反映了当时酒宴饯行的风尚，如王维《送元二使安西》云："渭城朝雨浥轻尘，客舍青青柳色新。劝君更尽一杯酒，西出阳关无故人。"

2. 出征酒

将士出征，国君多设酒宴为其壮行，激励他们保家卫国，在疆场上建功立业。出征酒可以看作饯行酒的一种特殊形式，只不过饯行的对象由普通人换成了军人而已。但出征比远行要危险得多，因此也更为悲壮。唐代诗人王翰《凉州词》："葡萄美酒夜光杯，欲饮琵琶马上催。醉卧沙场君莫笑，古来征战几人回？"扣动人心弦的不是"葡萄美酒夜光杯"，而是"古来征战几人回"！

3. 接风酒

中国人好客，有朋自远方来，要用好酒为其接风洗尘。接风酒的历史并不太久远，有学者认为："在唐代文献中，还没有发现关于洗尘的文字记载，这一习俗很可能是在五代时期逐渐形成的。宋代以后，文献中关于接风洗尘的记载和描写就逐渐多了起来。"（郭泮溪：《中国饮酒习俗》，陕西人民出版社，2002 年，第 185 页）如今，接风洗尘和外出饯行一样，在各阶层人民中均十分流行。

4. 凯旋酒

凯旋酒是接风酒的一种特殊形式，只不过接待的对象由普通人换成了胜利而归的将士。凯旋酒宴多由国君直接主持，如乾隆十四年（1749）清军平定了大小金川叛乱，乾隆二十五年（1760）又平定了新疆回部叛乱，这两次大军凯旋后，乾隆皇帝均在北京丰泽园为出征的将士举行凯旋礼，礼毕在园内大摆筵宴，慰劳随军征战的大小官员。

5. 烧尾酒

唐代时，新科进士及官员升迁，均要宴请亲朋同僚，称之为"烧尾"。唐代封演《封氏闻见记》卷五《烧尾》载："士子初登荣进及迁除，朋僚慰贺，必盛置酒馔音乐以展欢宴，谓之'烧尾'。"相传鲤鱼被烧去尾巴后，才能化身为真龙。"烧尾"一词，寓意官员高升，后世遂将庆贺升官之酒，称为"烧尾酒"。

6. 谢师酒

古之科举，榜上有名，仕途似锦，中举的同榜年兄必设酒宴感谢"座师"（主考官）的提携，谓之"谢师酒"。今天，高考结束后，考上北大、清华等名校的学子家长，也有设酒宴感谢老师教导有方的。

7. 结义酒

民间结义金兰时，要喝血酒盟誓"不愿同年同月同日生，但愿同年同月同日死"。所喝"血酒"有两种：一是结义双方（或多方）将自己的手用刀划破，让血滴入酒盏之中，混合均匀，彼此饮下，自己体内流有对方的血液，故视对方为异姓兄弟；二是宰杀公鸡一只，将鸡血滴入酒中双方饮下，自此开始视对方为异姓兄弟。当年红军长征，为了顺利通过彝族生活区，刘伯承曾和彝族首领小叶丹歃血为盟，所喝血酒即为鸡血酒。

8. 认亲酒

民间有为儿女认干爹、干娘的习俗，称为"认干亲"。在有些地方，拜认干亲还颇不易，如老北京人普遍认为，认干爹、干娘会对干爹、干娘的亲生子女不利，所以不是至亲好友，人们一般是不敢开口认干亲的。拜认干亲时，要摆丰盛的酒席宴请干爹、干娘，以后每年三节两寿都要给干爹、干娘送礼。

9. 开业酒

某业店肆厅堂新开，亲朋好友同人齐聚，竞相到场祝贺，鞭炮奏乐剪彩致辞过后，主人会请贺客移步饭厅，酒管足、饭管饱。主人落个开门大吉的祝语，客人落个酒足饭饱，是为"开业酒"。

10. 上梁酒

华北地区有俗语称"上梁酒，古来有"，反映了当地盖房上梁饮酒习俗的悠久。对于大多数家庭而言，盖房造屋意义重大。花费不菲，终于有了个属于自己的"窝"。当房子要上梁时，已经成型，"安居"有望，房主多打酒款待木瓦匠人和前来帮忙的亲朋邻里。河南作家李準在"文化大革命"中被下放到西华县农村，第一次醉酒喝的便是农民修房子时的上梁酒（李準：《酉日说酒》，载吴祖光编《解忧集》，中外文化出版公司，1988年，第272页）。

11. 暖房酒

乔迁新居时，民间有亲朋好友携礼"暖房"的习俗。在新居，主妇亲自炒菜做饭，以家常饭菜宴请客人，是为"暖房酒"。暖房习俗与中国的风水理论密切相关。人多房少，人丁兴旺之兆，吉；房多人少，人丁衰亡之兆，凶。新居入住前后"暖房"，亲朋好友聚集，屋子里热热闹闹，预示大吉大利。

12. 合木酒

家中有长寿老人，家人往往提前预备寿棺。"合木"是做寿棺的最后一道工序。在陕北农村，在寿棺合木时，大户人家多举行酒宴，以感谢工匠的劳作之苦，表达儿女的孝敬之心。合木仪式一般要持续三天，第一天赏木、祝寿、过礼，第二天和第三天饮宴。因为是长寿老人，大户人家又是家业兴旺、子孙满堂，故合木饮宴的规模往往较大，晚上还要演戏助兴。

第三节　节庆飞觞

过节日是世界各个国家、各个民族共有的一个普遍现象，节日发挥着调节生活节奏的重要功能。中国的传统佳节多与美酒有着不解之缘，春节要饮屠苏酒和椒柏酒，社日要饮社酒，五月初五端午节要饮菖蒲酒和雄黄酒，八月十五中秋节要饮新酒，九九重阳节要饮菊花酒和茱萸酒。中国传统节日饮酒主要有除疫辟邪和庆贺助兴两大功用。

一　除疫辟邪

论及春节、端午、重阳等传统节日来源时，民间均流传着有关瘟疫鬼邪侵害人间的故事。在这些节日里，人们多饮用节日酒以除疫辟邪。

1.屠苏酒与椒柏酒

春节在中国古代又称"旦日""元日"等。春节前后，正是流感时疫的高发期。在关于春节的民间传说中，流传着被称之为"年"的怪兽在除夕夜出来伤人的故事。中

图4-10　屠苏酒

国古代，过春节时人们要饮屠苏酒【图4—10】或椒柏酒，以除疫辟邪。

春节饮屠苏酒的习俗，源于南朝时期。南朝梁人宗懔《荆楚岁时记》一书中记载有"旦日"全家饮屠苏酒的习俗。南朝梁人沈约《俗说》称："屠苏，草庵之名。昔有人居草庵之中。每岁除夕夜遗里闾药一剂，令井中浸之，至元旦取水置于酒尊，合家饮之，不病瘟疫。今人有得其方者，亦不知其人姓名，但名屠苏而已。"

屠苏酒的配方及其饮用方法在明代李时珍《本草纲目》卷二五《米酒》中有记载，称："造法：用赤木桂心七钱五分，防风一两，菝葜五钱，蜀椒、桔梗、大黄五钱七分，乌头二钱五分，赤小豆十四枚，以三角绛囊盛之。除夜悬井底，元旦取出置酒中，煎数沸。举家东向，从少至长，次第饮之。药滓还投井中，岁饮此水，一世无病。"

春节饮屠苏酒，旨在"辟疫疠一切不正之气"。李时珍认为，"屠苏酒"之名即源于此酒能够辟邪驱鬼，"苏"指苏魃。苏魃是一个鬼名，"此药屠割鬼爽，故名"（[明]李时珍：《本草纲目》卷二五《米酒》）。

唐宋时期，春节饮屠苏酒的习俗甚为流行。宋人庞元英《文昌杂录》卷三载："唐岁时节物，元日则有屠苏酒、五辛盘、咬牙饧。"宋代不少诗人歌咏"元日""新岁"时，提到了屠苏酒。最有名者当属北宋王安石的《元日》："爆竹声中一岁除，春风送暖入屠苏。千门万户曈曈日，总把新桃换旧符。"南宋陆游《新岁》一诗亦提到了屠苏酒，诗云："老庖供馎饦，跣婢暖屠苏。"

椒柏酒的前身是椒酒和柏酒。椒酒，又名"椒花酒"，原是先秦时期楚人享神的酒，采用花椒酿酒而成。春节饮椒酒的习俗起源于汉代，东汉崔寔《四民月令》载："正月之旦……子、妇、孙、曾，各上椒酒于其家长，称觞举寿，欣欣如也。"汉人"旦日"给家长上寿之所以用椒酒，是因为人们相信北斗七星中的玉衡星在人间变化为椒，玉衡星是寿星之一，故饮用椒酒可以延年益寿。后世亦有歌咏椒酒者，如南宋诗人陆游《丙寅元日》称："家家椒酒欢声里，户户桃符霁色中。"

柏酒是用柏树叶浸泡的酒，明代李时珍《本草纲目》卷二五《米酒》记载有这种酒的功用及制法，称："治风痹历节作痛。东向侧柏叶煮汁，同曲、米酿酒饮。"古人认为柏为仙药，与椒一样，有延年益寿之效。故春节"上寿"亦饮柏酒，如宋人彭汝砺《元日》诗云："柏酒人怀远，饧盘客荐新。"

椒酒、柏酒均为汉唐时期"旦日"人们的节日用酒。直到宋代，人们仍饮用这两种酒，如宋代仲殊《失调名》云："椒觞献寿瑶觞满，彩幡儿轻轻剪""柏觞潋滟银幡小"。这两种酒因经常连用，故又称为"椒柏酒"，如南朝梁人宗懔《荆楚岁时记》载："长幼悉正衣冠，以次拜贺。进椒柏酒，饮桃汤。"

后来，人们为图简省，将花椒、柏叶用酒液一起浸泡，这就是明代李时珍《本草纲目》卷二五《米酒》中所记的"椒柏酒"。这种酒，"元旦饮之，辟一切疫疠不正之气。除夕以椒三七粒，东向侧柏叶七枝，浸酒一瓶饮。"

2. 菖蒲酒与雄黄酒

五月五日端午节前后，阴阳二气激烈交争，随着天气的转暖，蛇、蝎、蜈蚣等毒虫频繁出没，伤人害人的事件时有发生。为避邪驱虫，过端午节时人们有饮菖蒲酒、雄黄酒、朱砂酒、艾酒的习俗。

菖蒲酒，又称蒲酒、草蒲酒、菖华酒等，用草菖蒲或石菖蒲均

可制成。李时珍《本草纲目》卷二五《米酒》载："菖蒲酒，治三十六风，一十二痹，通血脉，治骨痿，久服耳目聪明。石菖蒲煎汁，或酿或浸，并如上法。"

至迟南朝时期，端午节便有饮菖蒲酒的习俗了。南朝梁人宗懔《荆楚岁时记》载："以菖蒲或镂或屑，以泛酒。"两宋时期，端午饮菖蒲酒极为流行，不少诗词歌咏端午的菖蒲酒。王曾《端五帖子》云："愿上菖华酒，年年圣子心。"欧阳修《渔家傲·五月榴花妖艳烘》云："正是浴兰时节动，菖蒲酒美清尊共。"陈义《菩萨蛮·包中香黍分边角》云："樽俎泛菖蒲，年年五月初。"明代人过端午节，仍有饮菖蒲酒的，如谢肇淛《五杂俎》卷二载："古人岁时之事行于今者，独端午为多……饮菖蒲也。"

图4-11 雄黄酒

雄黄酒【图4—11】是将雄黄（俗称"鸡冠石"）溶解于酒中制成的一种药酒。民间有俗语称："饮了雄黄酒，病魔都远走。"有学者认为："到唐代时，端午节便兼饮菖蒲酒和雄黄酒了。"（姚伟钧：《中国传统饮食礼俗研究》，华中师范大学出版社，1999年，第128页）但在菖蒲酒流行的时代，雄黄酒并不流行。端午节饮雄黄酒的习俗是从明代才流行开来的，明代谢肇淛《五杂俎》卷二载："而又以雄黄入酒饮之，并喷屋壁、床帐，婴儿涂其耳鼻，云以辟蛇虫诸毒。"清代时，端午节饮雄黄酒的习俗仍十分流行。同治十一年（1872）《河曲县志·岁时民俗》云："五月'端午'，饮雄黄酒，用涂小儿额及两手、足心……谓可却病延年。"

　　清代的京师人还将菖蒲、雄黄一并浸酒，制成新的菖蒲雄黄混合酒，"午前细切蒲根，伴以雄黄，曝而浸酒。饮余则涂抹儿童面颊耳鼻，并挥洒床帐间，以避虫毒"（[清]潘荣陛：《帝京岁时纪胜·五月》）。

图4-12　端午画额

　　雄黄有毒，主要成分是硫化砷，并含有汞。以此配酒，可以外用以杀菌消毒，却不宜内服直接饮用，因此端午节饮雄黄酒是一种陋俗，应当摒弃。端午节给小孩子的额头、耳鼻、手足心等处涂抹雄黄酒，可以消毒防病，防止咬虫叮咬，是一项美俗，可以发扬光大。不少地方用雄黄酒给小孩子抹额头时，多在小孩子额头上画一"王"字，取兽中之王老虎的额纹以镇邪【图4—12】。

　　除菖蒲酒、雄黄酒外，历史上端午节日酒还有朱砂酒和艾酒。朱砂酒是用朱砂浸酒而成，见于明代。冯应京《月令广义》称："五日用朱砂酒，辟邪解毒，用酒染额、胸、手足心，无会虺蛇之患。又以洒墙壁门窗，以避毒虫。"可见朱砂酒的使用方式与雄黄酒是相同的。艾酒是以艾叶浸酒而成，唐代冯贽《云仙杂记》卷一《洛阳岁节》引《金门岁节》云："洛阳人家，端午做术羹艾酒。"唐代以后，端午饮艾酒已极为鲜见。

　　3. 菊花酒与茱萸酒

　　九月九日重阳节登高饮菊花酒的习俗，亦与避瘟疫有关。南朝梁吴均《续齐谐记》载："汝南桓景随费长房游学，长房谓之曰：'九月九日，汝南当有大灾厄。急令家人缝囊，盛茱萸系臂上，登山饮菊花酒，此祸可消。'景如言，举家登山。夕还，见鸡犬牛羊一时暴死。长房闻之曰：'此可代也。'今世人九日登高饮酒，妇人带茱萸囊，盖始于此也。"（[南朝梁] 宗懔撰，[隋] 杜公瞻注，姜彦稚辑校：《荆楚岁时记》引，中华书局，2018年，第65页）费长房是东汉时期的方士，范晔《后汉书·方术传》有传。按《续齐谐记》的记载，重阳节登高饮菊花酒的习俗当始于东汉。

东晋葛洪《西京杂记》卷三《戚夫人侍儿言宫事》载："九月九日……饮菊华酒，令人长寿。菊华舒时，并采茎叶，杂黍米酿之，至来年九月九日始熟，就饮焉，谓之菊华酒。"文中的"菊华"即"菊花"。戚夫人是汉高祖刘邦的宠姬，如果葛洪的记载属实的话，那么西汉初年宫中即有重阳饮菊花酒的习俗了。

吴均《续齐谐记》中多为神仙故事，内容荒诞不经。在吴均生活的南朝后期，应是重阳饮菊花酒的习俗在民间早已流行，为解释这项习俗的起源，他编造了桓景登山饮菊花酒以避灾厄的故事。葛洪在《西京杂记》中谈到西汉初年宫中饮菊花酒，也正是东晋重阳饮菊花酒习俗在民间流行的反映。

隋唐以降，重阳节饮菊花酒的风俗长盛不衰【图4—13】。隋代杜公瞻注《荆楚岁时记》称："今北人亦重此节……饮菊花酒，云令人长寿。"（[南朝梁] 宗懔撰，[隋] 杜公瞻注，姜彦稚辑校：《荆楚岁时记》引，中华书局，2018年，第65页）

图4-13 菊花酒

除菊花酒外，古人在重阳节也饮用茱萸酒。唐代孙思邈《千金月令》载："重阳之日，必以肴酒登高眺远，为时宴之游赏，以畅秋志。酒必采茱萸、甘菊以泛之，既醉而还。"宋人庞元英《文昌杂录》卷三所记唐代岁时节物，称"九月九日则有茱萸、菊花酒"。南宋吴自牧《梦粱录》卷五《九月》载："今世人以菊花、茱萸，浮于酒饮之，盖茱萸名'辟邪翁'，菊花为'延寿客'，故假此两物服之，以消阳九之厄。"

二　庆贺助兴

节日是人们日常生活的重要调节，节日里家人团圆欢聚，亲朋好友互相拜访，亲朋相聚怎能少了酒？各种名目的节日酒宴，密切了人与人之间的关系。酒在烘托节日氛围，助人兴奋欢愉方面，起到了不可替代的作用。

1. 年节酒

春节，民间又称"过年"，是中华民族最为隆重的传统节日。大约自汉代起，在春节举办各种官私酒宴，相互联谊感情已成风习。

自汉至清，每逢"旦日"，群臣给皇帝朝贺，皇帝设国宴款待群臣和外国的使节。以清朝为例，每年的"旦日"国宴均在京师太和殿举行，招待蒙古族王公及外国使节。太和殿国宴原设宴桌210席，用羊百只、酒百瓶。乾隆四十五年（1780）规定，减去19席，并减去羊18只、酒18瓶。嘉庆、道光以后又根据实际情况有所增减。

民间的过年，往往从腊八开始，一直持续到正月十五，时间长达一个多月。俗语称"腊八祭灶，年下来到"，腊八节过后，尤其是"小年"（北方腊月二十三日，南方腊月二十四日）祭灶过后，过年的氛围越来越浓，庆新年的酒会日益增多。"一进入腊月，到处是酒摊子，村前村后都响起猜拳行令之声。村路上经常看到倒在

地上的醉汉"（李准：《酉日说酒》，载吴祖光编《解忧集》，中外文化出版公司，1988年，第272页）。

旧年的除夕和新年的"旦日"是过年的高潮，更少不了酒。达官贵人、富裕之家往往在除夕夜举办家宴，"围炉团坐，酌酒唱歌……谓之'守岁'"（［宋］吴自牧：《梦粱录》卷六《除夜》），以庆贺新年的到来。亦有除夕招邻里饮宴的，如民国年间河南商水县，"夕，则招邻佃相与饮宴，曰'辞岁'"（民国七年《商水县志·岁时民俗》）。

大年初一，族人及邻里互相拜年，往往"各具酒食，比户大脯"（民国十二年《密县志·岁时民俗》）。即便是赤贫之人，也会在过年之时用酒犒劳一下自己，如北宋末年的东京开封，"小民虽贫者，亦须新洁衣服，把酒相酬尔。"（［宋］孟元老：《东京梦华录》卷六《正月》）改革开放之前，"过年时候，农民们每家都要用粮食换几十斤酒"（李准：《酉日说酒》，载吴祖光编《解忧集》，中外文化出版公司，1988年，第271页）。

初一以后，"戚若友递相邀饮，至十五日而止，俗称'年节酒'"（［清］顾禄：《清嘉录》卷一《年节酒》）。

正月十五，上元佳节，大户人家有设宴狂欢、猜谜饮酒者。在曹雪芹《红楼梦》中，就有多次描写贾府上元酒宴的情景，如第二十二回《听曲文宝玉悟禅机　制灯谜贾政悲谶语》描写了上元夜贾府设酒宴，众人猜谜语的情景。第五十三回《宁国府除夕祭宗祠荣国府元宵开夜宴》和第五十四回《史太君破陈腐旧套　王熙凤效戏彩斑衣》描写了贾府上元酒宴，众人听戏说笑话的情景。一般的庶民百姓也有趁节醵钱会饮的，如山西临晋县，"民间醵会者，前期计人数，醵银米若干，以供酒肴之费，会长一人领之。至日，会长备筵，同类悉至，鸣金击鼓，屡舞酣歌，极三昼夜而罢"（康熙二十五年《临晋县志·岁时民俗》）。

2. 宜春酒

中和节、上巳节、清明节，皆在春季。在草长莺飞、春光明媚的节日，人们多踏春游赏，在野外举行酒宴。

中和节，由正月晦日改变而来（农历每月的最后一天称"晦日"）。唐德宗贞元五年（789），始将中和节改为二月初一。唐代中和节保留了晦日寻胜游宴的习俗，"这天皇帝给在京的大臣赐宴，在曲江园林举行，山珍海味，饮酒赋诗，热闹非凡。民间村社则要祭祀勾芒，饮'宜春酒'，祈祝一年风调雨顺，五谷丰登"（赵文润：《隋唐文化史》，陕西师范大学出版社，1992 年，第 122 页）。有学者认为，"所谓'宜春酒'并不是一种特殊的酒，只不过是在二月初一这一天祭祀、饮宴时统称'宜春酒'而已。"（王明德、王子辉：《中国古代饮食》，陕西人民出版社，2002 年，第184 页）唐代以后，中和节不再流行。

三月三日的上巳节，古人有祭祀宴饮、曲水流觞、郊外游春等习俗。其中，"曲水流觞"是举行祓禊仪式（以河渠春水洗濯，以消除不祥）后，众人坐于河渠两旁，在河渠上游放置酒杯，酒杯顺流而下，停在谁的面前，谁就取杯饮酒，意为除去灾祸不吉。"曲水流觞"的历史悠久，南朝梁人宗懔《荆楚岁时记》载："三月三日，士民并出江渚池沼间，为流杯曲水之饮。"该书引吴均《续齐谐记》称："昔周公卜城洛邑，因流水以泛酒。故逸诗云：'羽觞随流波。'"（［南朝梁］宗懔撰，［隋］杜公瞻注，姜彦稚辑校：《荆楚岁时记》，中华书局，2018 年，第 33 页、34 页）若此说可信，则"曲水流觞"的历史可上溯到西周初年。

"曲水流觞"后来发展成为文人墨客诗酒唱酬的一种雅事，历史上最著名的一次"曲水流觞"发生在东晋穆帝永和九年（353）的上巳日，"书圣"王羲之偕亲朋在兰亭修禊后，在清溪举行饮酒赋诗活动，酒觞在谁的面前打转或停下，谁就得即兴赋诗并饮酒。参加这次"曲水流觞"的，有11人各成诗两篇，15人各成诗一篇，16人作不出诗，各罚酒三觥。王羲之将众人的诗收集起来，用蚕茧纸、鼠须笔挥毫作序，乘酒兴写下了举世闻名的《兰亭集序》，被后人誉为"天下第一行书"。

唐代时，上巳节水边野宴的活动仍很流行。唐代诗人杜甫《丽人行》描写的即是上巳节虢国夫人、秦国夫人等杨氏族人在长安水边野宴的情景。唐代以后，上巳节逐渐消亡，曲水流觞的雅集渐趋衰落。

清明节是一个上坟祭祖的节日，唐代时人们即有清明饮酒的习俗，唐代诗人杜牧《清明》云："清明时节雨纷纷，路上行人欲断魂。借问酒家何处有？牧童遥指杏花村。"宋代以后，清明节与寒食节合二为一，清明节的地位更高。人们多借清明上坟之机，踏春野宴，如北宋末年的东京，"四野如市，往往就芳树之下，或园圃之间，罗列杯盘，互相劝酬"（[宋]孟元老：《东京梦华录》卷七《清明节》）。明代时，南方人尤好祭墓野宴，谢肇淛《五杂俎》卷二载："南人借祭墓为踏青游戏之具，纸钱未灰，乌履相错，日暮墦间主客无不颓然醉矣。"后世亦有墓祭之后，合族欢宴者，如清代吴中的洞庭山一带，"又以馂余燕诸族人，亲友互相庀具。壶觞胜涌，欢呼鼓腹"（[清]褚人穫：《坚瓠集》续集卷二《扫墓》）。

3.社日酒

社日在当今民间社会已难觅踪迹，"而社日在古代中国社会却是一盛大节日。它起源于三代，初兴于秦汉，传承于魏晋南北朝，兴盛于唐宋，衰微于元明及清"（萧放：《岁时——传统中国民众的时间生活》，中华书局，2002 年，第 133 页）。社日以祭祀社神（土地神）为中心。汉代以前，只有春社。汉代以后，又有了秋社。春社在每年立春后的第五个戊日，时间约在二月中旬；秋社在每年立秋后的第五个戊日，时间约在新谷登场的八月。

祭祀社神所用之酒，称为"社酒"。社日到来时，大家要相互馈送社酒。宋人孟元老《东京梦华录》卷八《秋社》云："八月秋社，各以社糕、社酒相赍送。"在社日祭祀之后，人们往往聚饮一番，如唐代王驾《社日》云："鹅湖山下稻粱肥，豚栅鸡栖半掩扉。桑柘影斜春社散，家家扶得醉人归。"南宋陆游《春社》云："社肉如林社酒浓，乡邻罗拜祝年丰。太平气象吾能说，尽在冬冬社鼓中。"陆游另写一首《秋社》诗："明朝逢社日，邻曲乐年丰。稻蟹雨中尽，海氛秋后空。不须谀土偶，正可倚天公。酒满银杯绿，相呼一笑中。"

相传社酒可以治聋，宋人李涛《春社日寄李学士》云："社翁今日没心情，为乞治聋酒一瓶。"宋人叶庭珪《海录碎事》卷二《社门·治聋酒》在引用此诗时，称"俗言社日酒治聋"。由于人们相信社酒能治聋，所以有人就专门求取社日余酒。也有主动送聋人社酒的，彭乘《墨客挥犀》卷十载："杨某尚书以耳聋致政。居雫县别业。同里有高氏者。赀颇厚，有二子，小名大马小马者……一日里中社。小马携酒一合。就杨公曰：'此社酒，善治聋，愿得侍杯杓之余沥。'杨瞑目良久，呼小仆取笺。书绝句与之曰：'十数年来聋耳聩，可将社酒便能医。一心更愿清盲了，免见豪家小马儿。'"豪家小马儿送社酒却讨了个没趣，人家表示我耳聋眼却不

瞎，可我宁愿眼也瞎了，也不愿瞧你这个不懂事的富家小子！

宋代灭亡后，由于蒙古统治者禁止民间结社，社酒随着社日的消亡，消失在历史的长河中。

4. 赏月酒

八月十五日中秋节，今人多有团圆赏月的习俗。中秋节形成的时间较晚，"在汉魏民俗节日体系形成时期，中秋节日尚无踪迹"（萧放：《岁时——传统中国民众的时间生活》，中华书局，2002年，第192页）。一般认为，中秋节成为节日，大约始于唐代。唐人在中秋玩月的同时，多以酒食相伴，如王仁裕《开元天宝遗事》卷下《撤去灯烛》载：八月十五夜，苏颋"于禁中直宿诸学士玩月，备文字之酒宴"。

宋代时，中秋节在民间渐渐流行开来。中秋宴饮也不再像唐代那样仅仅局限于夜晚，孟元老《东京梦华录》卷八《中秋》记载，北宋时人们在中秋节有饮新酒的习俗，"中秋节前，诸店皆卖新酒，重新结络门面彩楼，花头画竿，醉仙锦旆，市人争饮。至午未间，家家无酒，拽下望子。"当然，月光银辉之下的赏月夜宴更是受到人们的欢迎，"中秋夜，贵家结饰台榭，民间争占酒楼玩月，丝篁鼎沸"。宋代的不少诗词也反映了人们中秋宴饮赏月的情景，如北宋苏轼《水调歌头·中秋》云："明月几时有，把酒问青天。"

宋代以后，中秋节日益受到人们的重视。每逢中秋，不少人家在月光之下设宴欢饮。山西潞安一带，人们还将中秋节称为"迎婿节"，"以是日招婿饮"（乾隆三十五年《潞安府志·岁时民俗》）。近代以来，店铺、学校、公所诸单位也多在中秋节举行公宴。地主们则"招佃户饮宴，以定来年去留"（民国七年《商水县志·岁时民俗》）。

　　除了以上节日人们多饮酒庆贺外，重阳节文人雅士多登高宴饮，因前文已述，兹不再赘述。另外，作为二十四节气之一的冬至，在今天一般人看来，似乎并不算是一个什么重要的节日。但在古代，冬至在中国节日体系中的地位却很高。以冬至为节的历史非常悠远，汉代崔寔《四民月令》载："冬至之日荐黍、羔；先荐玄冥于井，以及祖祢……其进酒尊长，及修刺谒贺君、师、耆老，如正月。"人们还将冬至称为"小岁"或"亚岁"。每逢冬至，古人往往还要举行酒宴，如唐代白居易《小岁日对酒吟饯湖州所寄诗》云："一杯新岁酒，两句故人诗。"皎然《冬至日陪裴端公使君清水堂集》云："亚岁崇佳宴，华轩照绿波。"

第四节　养生疗疾

记者问叶圣陶长寿之道，叶圣陶答道："每餐少饮一点点酒。"（老烈：《三杯过后》，载吴祖光编《解忧集》，中外文化出版公司1988年，第280页）俗语亦云："酒是粮食精，越喝越年轻。"这些均说明适量饮酒可以养生健体、延年益寿。周作人在民国九年（1920）年底生了一场大病，第二年秋季始愈，医生建议他喝点酒，"以仍能吃饭为条件，增加身体的营养，这效验是有的，身体比病前强了"（周作人：《我的酒友》，载杨早、夏晓虹编《酒人酒事》，三联书店，2012年，第309页）。酒还有辟恶解毒、活血化瘀，促进药物吸收的功能，"酒为百药之长"这句俗语，揭示了酒在治疗疾病方面所具有的重要功能。

一　养生保健

酒可用于养生保健，原因在于它能够活血散气、养脾扶肝。中国传统的米酒，在养生保健方面尤其受到人们的青睐。唐代陈藏器《本草拾遗》认为，米酒能"通血脉，厚肠胃，润皮肤，散湿气，消忧发怒，宣言畅意"。唐代孟诜《食疗本草》认为，米酒可以"养脾气，扶肝，除风下气"（陈藏器《本草拾遗》、孟诜《食疗本草》

均已亡佚。转引自明代李时珍
《本草纲目》卷二五《米酒》）。
明代李时珍《本草纲目》卷二
五《东阳酒》称："酒，天之
美禄也。面曲之酒，少饮则和
血行气，壮神御寒，消愁遣
兴。"【图4—14】

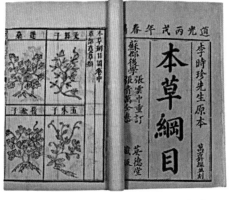

图4-14　李时珍《本草纲目》书影

1. 各种酒的养生

"糟底酒""老酒"和
"春酒"在养生方面具有独特的功能，其中"糟底酒"是从三年腊
糟下取出的，具有"开胃下食，暖水脏，温肠胃，消宿食，御风
寒，杀一切蔬菜毒"的养生作用。"老酒"是寒冬腊月酿造的米
酒，能够"和血养气，暖胃辟寒"。"春酒"是清明前后酿造的米
酒，"常服令人肥白"（［明］李时珍：《本草纲目》卷二五《米
酒》），可以美容养颜。

在米酒的基础上，采用酿造或浸泡工艺制成的配制酒，可分为
保健进补的"养生酒"（又称"保健酒"）和治病疗疾的"药酒"
(药酒有广义、狭义之分，广义的药酒即配制酒，狭义的"药酒"
仅指治病疗疾的配制酒，本书所说的"药酒"是指狭义的药酒，不
包括"养生酒"）。"养生酒"在于养生保健，并无明确的治病目
的，多用米、曲和具有大补作用的食材或药材酿成，如羊羔酒、戊
戌酒、人参酒、枸杞酒等。

羊羔酒又名"白羊酒""羔儿酒"，五代末期史籍中便有了关
于羊羔酒的记载，吴坰《五总志》载："学士陶榖侍儿太尉党公故
姬也。陶一日以雪水分茶，谓之曰：'党公解此乎？'对曰：'党

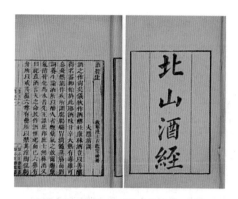

图4-15 朱翼中《北山酒经》书影

公武人，每遇天寒雪作时，于锦帐中命歌儿度曲，饮羊羔酒尔。安知此乐！'"北宋朱翼中《北山酒经》卷下最早记载有羊羔酒的制作方法【图4—15】，宋代羊羔酒主要流行于北方广大地区，北宋末年东京开封城内的姜宅园子正店所酿制的羊羔酒是当时的名酒之一。宋明时期，人们将在冬日暖屋中饮羊羔酒视为舒适生活的象征。

明代的李时珍对羊羔酒给予很高的评价，称羊羔酒"大补元气，健脾胃，益腰肾"，同时提供了当时人酿造羊羔酒的两种方法："宣和化成殿真方：用米一石，如常浸蒸，嫩肥羊肉七斤，曲十四两，杏仁一斤。同煮烂，连汁拌末，入木香一两同酿，勿犯水，十日熟。极甘滑。一法：羊肉五斤蒸烂，酒浸一宿，入消梨七个，同捣取汁，和曲、米酿酒饮之。"（[明]李时珍：《本草纲目》卷二五《附诸药酒方》）

戊戌酒，又名"狗肉酒"，至迟唐代时人们已用狗肉酿酒了。在唐代孟诜的《食疗本草》中，称其"大补元阳"。酿造戊戌酒，需选用黄狗一只，宰杀治净后，将狗肉煮得极烂，连汤带肉和酒曲、米饭一起酿造。所酿之酒，其性大热，阴虚之人和无冷的病人，不宜饮用。

人参酒可以补中益气，酿、浸两种方法均可制作人参酒。酿制时，将人参末加入曲、米饭中，如常法酿制即可。浸制时，将人参装入纱袋浸入酒液，浸制的人参酒要加热饮用。

枸杞酒可以补虚弱、益精气、去冷风、壮阳道、止目泪、健腰脚。酿造枸杞酒，要选用上好的甘州（今甘肃张掖）枸杞子，煮烂捣碎后，过滤取汁，和曲、米饭一起酿酒。枸杞酒也可浸制，将枸杞子和生地黄一起装入纱袋浸酒即可，饮用时也需要加热。

不少治病疗疾的"药酒"也具有养生作用，以明代李时珍《本草纲目》卷二五《附诸药酒方》所记载的"药酒"为例，逡巡酒可以补虚益气，"久服益寿耐老，好颜色。"五加皮酒，可以"壮筋骨，填精髓"。女贞皮酒，可以"治风虚，补腰膝"。仙灵脾酒，可以"强筋坚骨"。薏苡仁酒，可以"强筋骨，健脾胃"。天门冬酒，可以"润五脏，和血脉"。地黄酒，可以"补虚弱，壮筋骨，通血脉"，还能使白发变黑。牛膝酒，可以"壮筋骨""补虚损"。当归酒，可以"和血脉，坚筋骨"。菖蒲酒，可以"通血脉"，长期服用耳聪目明。薯蓣酒，可以"益精髓，壮脾胃"。茯苓酒，可以"暖腰膝"。菊花酒，可以"明耳目"。黄精酒，可以"壮筋骨，益精髓，变白发"。桑葚酒，可以"补五脏，明耳目"。术酒，可以"驻颜色，耐寒暑"。蓼酒，长期服用可以"聪明耳目，脾胃健壮"。南藤酒，可以"强腰脚"。竹叶酒，可以"清心畅意"。麋骨酒，长期服用"令人肥白"，有美容养颜之效。腽肭脐酒，可以"助阳气，益精髓"。

现代的"养生酒"和"药酒"，多以酒精度数较高的白酒制成，其养生作用和米酒制成的养生酒、药酒相同。如以山西汾酒为原料制成的"竹叶清酒"，添加有淡竹叶、木香、檀香、陈皮、砂仁等10余种中药材，具有润肝健体的功效。以优质白酒为原料，添加黄芪、当归、丁香、肉桂、仙茅、淮山药、肉苁蓉、枸杞子、淫羊藿等制成的"劲酒"，具有补肾填精、滋阴壮阳、益气健脾的功效；

用荞麦、黄小米酿成的"苦荞酒"，可以强筋骨、健脾胃、祛风湿、壮肾气。

葡萄酒在养生健体方面，也历来受到人们的重视。据明代李时珍《本草纲目》卷二五《葡萄酒》记载，用传统酿造米酒的方法酿造而成的葡萄酒"暖腰肾，驻颜色，耐寒"，有滋阴壮阳、美容养颜的功效，但热疾、齿疾、疮疹的病人不宜饮用。现代人饮用的葡萄酒，是通过蒸馏的方法得到的，可用于调中益气。清末徐珂《清稗类钞·饮食类》"葡萄酒"条载：白葡萄酒"能助肠之运动"。

2. 少饮酒与醉酒避忌

无论是传统的米酒，还是现代流行的白酒、葡萄酒，以及在米酒、白酒基础上制成的配制酒，其养生的前提均为少饮。对此，历代名医多有谆谆告诫之语，如元代御医忽思慧《饮膳正要》卷一《饮酒避忌》称："少饮尤佳，多饮伤神损寿，易人本性，其毒甚也。醉饮过度，丧生之源……醉勿酩酊大醉，即终身百病不除。酒，不可久饮，恐腐烂肠胃，溃髓，蒸筋。"明代名医李时珍《本草纲目》卷二五《东阳酒》称："痛饮则伤神耗血，损胃亡精，生痰动火……若夫沉湎无度，醉以为常者，轻则致疾败行，甚则丧邦亡家而陨躯命，其害可胜言哉？此大禹所以疏仪狄，周公所以著酒诰，为世范戒也。"

若饮酒过多，则速吐之为佳。吐迟则醉，醉后若不加注意，极易生病。元代忽思慧《饮膳正要》卷一《饮酒避忌》总结了醉后不可做之事，现仍有重要的参考价值，兹录如下：

醉不可当风卧，生风疾。

醉不可向阳卧，令人发狂。

醉不可令人扇，生偏枯。

醉不可露卧，生冷痹。

醉而出汗当风，为漏风。

醉不可卧黍穰，生癞疾。

醉不可强食、嗔怒，生痈疽。

醉不可走马及跳踯，伤筋骨。

醉不可接房事，小者面生鼾、咳嗽，大者伤脏、澼、痔疾。

醉不可冷水洗面，生疮。

醉，醒不可再投，损后又损。

醉不可高呼、大怒，令人生气疾。

晦勿大醉，忌月空。

醉不可饮酪水，成噎病。

醉不可便卧，面生疮疥，内生积聚。

大醉勿燃灯叫，恐魂魄飞扬不守。

醉不可饮冷浆水，失声成尸噎。

醉不可忍小便，成癃闭、膝劳、冷痹。

醉不可忍大便，生肠澼、痔。

酒醉不可食猪肉，生风。

醉不可强举力，伤筋损力。

酒醉不可当风乘凉、露脚，多生脚气。

醉不可卧湿地，伤筋骨，生冷痹痛。

醉不可澡浴，多生眼目之疾。如患眼疾人，切忌醉酒、食蒜。

3.酒水卫生与酒菜搭配

除了饮酒适量，避免喝醉之外。饮酒时，还应该注意酒水的卫

生及酒菜的搭配。在酒水卫生方面，唐代陈藏器《本草拾遗》指出："酒浆照人无影，不可饮。祭酒自耗，不可饮。""酒浆照人无影"说明米酒混浊不清，"祭酒自耗"说明祭祀用的酒长时间暴露于外，酒已蒸发。这些酒浆均有可能受到污染，故不宜饮用。

在酒菜搭配方面，唐代陈藏器《本草拾遗》认为："凡酒忌诸甜物……酒合乳饮，令人气结。同牛肉食，令人生虫……食猪肉，患大风。"元代忽思慧《饮膳正要》卷一《饮酒避忌》提出："饮酒时，大不可食猪、羊脑，大损人。"

明代李时珍《本草纲目》卷二五《米酒》还提出："酒后食芥及辣物，缓人筋骨。酒后饮茶，伤肾脏，腰脚重坠，膀胱冷痛，兼患痰饮水肿、消渴挛痛之疾。"

二 治疗疾病

酒用于治疗疾病，起源甚早。汉代的《神农本草经》《黄帝内经·素问》等医学文献，均提到了酒。唐代孙思邈《千金翼方》、王焘《外台秘要》均记载有不少药酒，以酒治疗疾病的病例和医方更为常见。

唐初苏恭（原名苏敬）《唐本草》认为："酒有秫、黍、粳、糯、粟、曲、蜜、葡萄等色。凡作酒醴须曲，而葡萄、蜜等酒独不用曲。诸酒醇醨不同，惟米酒入药用。"（[明]李时珍：《本草纲目》卷二五《酒》）苏恭的这种看法并不准确，唐代孟诜《食疗本草》载："酒有紫酒、姜酒、桑椹酒、葱豉酒、葡萄酒、蜜酒，及地黄、牛膝、虎骨、牛蒡、大豆、枸杞、通草、仙灵脾、狗肉汁等，皆可和酿作酒，俱各有方。"

北宋寇宗奭《本草衍义》总结前代的医药用酒，称："古方用酒，有醇酒、春酒、白酒、清酒、美酒、糟下酒、粳酒、秫黍酒、葡萄酒、地黄酒、蜜酒、有灰酒、新熟无灰酒、社坛余胙酒。"宋代的医药用酒有糯酒、煮酒、小豆曲酒、香药曲酒、鹿头酒、羔儿等酒。

1. 米酒疗疾

元代以前，中国尚无白酒（烧酒），人们多用传统的米酒治疗疾病。据明代李时珍《本草纲目》卷二五《米酒》载，米酒在药性上，"苦、甘、辛，大热，有毒"。晋代陶弘景《名医别录》认为，米酒"行药势，杀百邪恶毒气"。

"行药势"即米酒可作为"药引子"，促进药物的吸收，使之发挥出最佳的药效。古人常用"甘、辛，无毒"的"东阳酒"（东阳酒，又名"金华酒""兰陵酒"）合药，如治疗咽喉肿痛、声音沙哑，可将东阳酒、酥、干姜以 10∶1∶2 的比例混合，早晚各饮 1 次。治多年耳聋，可将 1 升牡荆子浸入 3 升东阳酒中，7 日之后漏去滓子，想喝时就喝一点。

更常见的是做成药酒饮用，历代的本草医书中均记载有不少药酒，如明代李时珍《本草纲目》卷二五《附诸方药酒》中记载了愈疟酒、屠苏酒、逡巡酒、五加皮酒、白杨皮酒、女贞皮酒、仙灵脾酒、薏苡仁酒、天门冬酒、百灵藤酒、白石英酒、地黄酒、牛膝酒、当归酒、菖蒲酒、枸杞酒、人参酒、薯蓣酒、茯苓酒、菊花酒、黄精酒、桑葚酒、术酒、蜜酒、蓼酒、姜酒、葱豉酒、茴香酒、缩砂酒、莎根酒、茵陈酒、青蒿酒、百部酒、海藻酒、黄药酒、仙茆酒、通草酒、南藤酒、松液酒、松节酒、柏叶酒、椒柏酒、竹叶酒、槐枝酒、枳茹酒、牛蒡酒、巨胜酒、麻仁酒、桃皮酒、红曲酒、神曲酒、柘根酒、磁石酒、蚕沙酒、花蛇酒、乌蛇酒、蚺蛇酒、蝮蛇酒、紫酒、豆淋酒、霹雳酒、龟肉酒、虎骨酒、麋

骨酒、鹿头酒、鹿茸酒、戊戌酒、羊羔酒、腽肭脐酒等 69 种药酒。

　　这些药酒，多采用浸泡工艺制成。如白杨皮酒，"以白杨皮切片，浸酒起饮"。女贞皮酒，"女贞皮切片，浸酒煮饮之"。仙灵脾酒，"仙灵脾一斤，袋盛，浸无灰酒二斗，密封三日，饮之"。亦有将药物混入酒曲中酿造而成的，如天门冬酒，"冬月用天门冬去心煮汁，同曲、米酿成"。百灵藤酒，"百灵藤十斤，水一石，煎汁三斗，入糯米三斗，神曲九两，如常酿成。三五日，更炊一斗糯饭候冷投之，即熟。澄清日饮，以汗出为效"（[明] 李时珍《本草纲目》卷二五《附诸方药酒》）。

　　"杀百邪恶毒气"是指米酒具有辟恶排毒的功能。在古代，南方人烟稀少，多恶瘴毒雾，故需饮酒以辟瘴雾。西晋张华《博物志》卷之十《杂说下》记载，东汉末年，王肃、张衡、马均三人冒雾晨行，王肃是饮过酒的，张衡是吃过饭的，马均是空腹的，结果王肃无恙，张衡得病，马均死亡。这说明酒有辟恶瘴毒雾之功效。在长期的医疗实践中，人们也常用米酒排毒疗疮。如治疗马气、马汗、马毛入疮引起的肿痛烦热，可多饮上佳的米酒，大醉一场，醒后即愈。治疗虎伤人疮，也需饮酒至醉数次，吐净腹中成疮的虎毛毒气方可治愈。对付蛇咬疮、蜘蛛疮毒和毒蜂螫伤，可用温过的米酒淋洗疮口或螫咬之处，一日三次。治疗手足肿痛的"天行余毒"，"作坑深三尺，烧热灌酒，着屐踞坑上，以衣壅之，勿令泄气"（[明] 李时珍《本草纲目》卷二五《东阳酒》）。治疗痔疮也可用类似的方法，在地上挖一个小坑，用火将坑烧至极热，至坑赤红时，倒入米酒，放入吴茱萸，人蹲其上，熏蒸数次，即见疗效。

　　米酒还具有活血化瘀的功效，妇女产后血瘀为血气不活所致，可煎服清酒和生地黄汁。男人脚冷，亦为血气不活，可取一只瓮缸，注入醇酒、水各三斗，用灰火温瓮，使酒水保持常温，将脚浸入瓮中，酒水没至膝盖处，如此三日。米酒还可以滋润皮肤，用于治疗海水咸物、风吹日晒等引起的皮肤皲裂疼痛，其法为：取防风、当归、羌活、荆芥各二两，研末，投入 30 斤酒、半斤蜂蜜的混合液中，烧热，洗浴皲裂之处。过了一晚，伤口即可愈合。

2. 白酒疗疾

元代时，中国开始有了白酒（烧酒）。白酒在药性上，"辛、甘，大热，有大毒"。主治："消冷积寒气，燥湿痰，开郁结，止水泄，治霍乱疟疾噎膈，心腹冷痛，阴毒欲死，杀虫辟瘴，利小便，坚大便，洗赤目肿痛，有效。"（[明] 李时珍《本草纲目》卷二五《烧酒》）在长期的医疗实践中，人们发现饮用添加盐的白酒，可治冷气心痛和眼睛红肿疼痛。阴毒腹痛时，可将白酒加热，放温之后饮用，待出一身大汗，即可止痛。牙痛难忍时，可口含泡有花椒的白酒止痛。呕吐不止时，可饮用一杯加入新汲井水的上佳白酒。寒湿泄泻时，可饮用头烧酒。寒痰咳嗽时，可用白酒、猪油、蜂蜜、香油、茶末各四两，煮成膏状，每天取食少许，配以茶水饮用，效果十分明显。除内服外，白酒也可外敷消毒。当耳中有耳聍结块，既大又硬，一动即痛，难以取出时，可滴入少许白酒，仰起耳朵以防止白酒流出，一个小时左右，耳聍被白酒软化，即可用耳钳取出耳聍。白酒的酒精含量比传统米酒要高很多，在激发药性、辟恶排毒、活血化瘀等方面更胜一筹，故人参酒、蛇酒等现代药酒多用白酒代替传统的米酒。

3. 葡萄酒和啤酒疗疾

酿造的葡萄酒和烧蒸的葡萄酒在药性上并不相同。明代李时珍《本草纲目》卷二五《葡萄酒》记载，酿造的葡萄酒"甘、辛，热，

微毒", 而烧蒸的葡萄酒"辛、甘, 大热, 有大毒", 后者可"消痰破癖"。清末徐珂《清稗类钞·饮食类》"葡萄酒"称: 红葡萄酒"能除肠中障害", 西班牙的甜葡萄酒无色透明,"最宜病人, 能令精神速复", 山东烟台的张裕酿酒公司能够仿制这种甜葡萄酒。

啤酒也有一定的医用价值, 唐孙鲁《天下味》称, 啤酒对于高血压病人, 有显著治疗作用。有轻微膀胱结石的人, 可以多喝啤酒, 细小的结石, 在排尿时会不知不觉从尿道排出体外 (唐孙鲁:《天下味》, 广西师范大学出版社, 2004 年, 第 209 页)。

4. 酒糟疗疾

酿造米酒和白酒的酒糟亦可用于治病, 在中药药性上, 酒糟"甘、辛, 无毒"。唐代陈藏器《本草拾遗》认为: 酒糟"温中消食, 除冷气, 杀腥, 去草、菜毒, 润皮肤, 调脏腑"。明代佚名《日华子诸家本草》认为: 酒糟可以"扑损瘀血, 浸水洗冻疮, 捣敷蛇咬、蜂叮毒"。明代李时珍认为:"酒糟有曲蘖之性, 能活血行经止痛, 故治伤损有功。"([明] 李时珍《本草纲目》卷二五《糟》) 过去, 酒糟常用于筋骨伤痛。如手脚崴折, 红肿疼痛难忍, 可将生地黄(一斤)、藏瓜姜糟 (一斤)、生姜 (四两) 炒热, 敷在伤处, 用布裹住。藏瓜姜糟等由热变凉, 即随时更换之。四肢骨折时, 可将藏瓜姜糟和赤小豆末混合, 敷在骨折处, 用杉木片或白桐木片固定住骨折之处。明代李时珍《本草纲目》卷二五《糟》记载, 酒糟还可用于治疗手足皲裂、鹤膝风病、暴发红肿和杖疮青肿。

酒之为用, 当不限以上所列沟通天人、敬宾成礼、节庆飞觞和养生疗疾。有人说, 酒还有解忧浇愁之妙用, 曹操《短歌行》即云："何以解忧，唯有杜康。"民间劝愁闷之人饮酒，文雅一点地说："醉里乾坤大，壶中日月长。"粗俗一点地说："一杯在手，万事皆休。"但酒并不能浇灭人们心头真正的忧愁，借酒浇愁，往往愁更愁！喝酒只能让人从兴奋到麻醉的过程中暂时忘怀一切，假如真正喝醉了酒，"不但不曾浇去了愁，而且也不能痛快地睡。头脑虽然昏昏的，但心里却加倍地清醒，一切新愁旧恨，反复重涌上脑来"（马国亮：《酒》，载夏晓虹、杨早编《酒人酒事》，三联书店，2012 年，第 25 页）。假如你正身陷愁苦，千万不要信了那酒能解忧的醉话。

第五章　把盏言欢：饮酒习俗

中国历代社会中饮酒风气都非常盛行，酒已渗透到社会生活的方方面面，成为人们日常生活中不可缺少的饮品。人们聚会饮酒时，十分重视礼节，讲究主宾酬酢，注重助兴娱乐，由此形成了诸多饮酒习俗。饮酒习俗在历史传承的过程中，经常与时俱进，造成古今饮酒习俗差异很大。在横向传播的过程中，饮酒习俗多结合当地"水土"（自然地理环境、社会人文历史等）发生变化，造成各地饮酒习俗千差万别。在不同的众多饮酒习俗中，最能体现中华酒文化的，有巡酒习俗、敬酒习俗、劝酒习俗和侑酒习俗。

第一节　巡酒以礼

人们参加酒宴时，经常会说："酒过三巡，菜过五味。""三巡"过后，酒宴才能切入正题，可见巡酒是酒宴的序曲。古人巡酒十分讲究礼仪。今天，中国人的酒宴仍保留有巡酒礼仪的古老因子，这就是酒宴开始的大家共同干杯。

一　古之巡酒

在正规的酒宴上，古人有按巡饮酒的习俗，即分轮一个一个地饮，一人饮尽，再一人饮，众人都饮完一杯，称为"一巡"。"按巡饮酒"的次序为由尊及卑，由长及幼，即《礼记·曲礼上》所谓的"长者举未釂，少者不敢饮"。但"旦日"（今春节）全家人饮用椒柏酒或屠苏酒时，却是由幼及长、由卑及尊，宋人赵彦卫《云麓漫钞》卷八称："正月旦日，世俗皆饮屠苏酒，自幼及长。"这种饮酒习俗在宋人诗词中亦有反映，如苏轼《除夜野宿常州城外》（其二）云："但把穷愁博长健，不辞最后饮屠苏。"人们把这种饮酒方式称为"蓝尾酒"或"婪尾酒"。"婪尾"之"婪"，最初当为"揽"，结束之意。因结束之人，喝酒最多，是为贪婪，故改为"婪"字。

一次酒宴往往要饮酒数巡，如唐代元稹《和乐天初授户曹喜而言志》诗云："归来高堂上，兄弟罗酒尊。各称千万寿，共饮三四巡。"宫廷酒宴上，过了三巡，就有大臣箴规了。《旧唐书·李景伯传》载："中宗尝宴侍臣及朝集使，酒酣，令各为《回波辞》。众皆为谄佞之辞，及自要荣位。次至景伯，曰：'回波尔时酒卮，微臣职在箴规。侍宴既过三爵，喧哗窃恐非仪。'"

宋代时，人们多称"巡"为"行"，宋代酒宴饮酒的行数一般较多。北宋中期以前，人们饮酒多在五行左右。司马光《温国文正司马公文集》卷六九《训俭示康》载："吾记天圣中，先公为群牧判官，客至未尝不置酒，或三行或五行，多不过七行。"沈括《梦溪笔谈》卷九《人事》载：石曼卿在一邻居家饮酒，"酒五行，群妓皆退，主人者亦翩然而入"。北宋中期以后，饮酒行数增多，民间酒宴一般要饮酒十行。倪思《经鉏堂杂志·筵宴三感》称："今夫筵宴，以酒十行为率。"

宋代的宫廷酒宴饮酒多为九行，孟元老《东京梦华录》卷九《宰执亲王宗室百官入内上寿》、周密《梦粱录》卷三《宰执亲王南班百官入内上寿赐宴》、周密《武林旧事》卷一《圣节》、卷八《皇后归谒家庙》等所记宋代宫廷酒宴均为九行。南宋时，宋高宗幸清河郡王张俊府第，酒宴上"行酒"多达十五行（[宋]周密：《武林旧事》卷九《高宗幸张府节次略》）。

宋辽、宋金两国宴请使节，"行酒"多五行或三行，重要的宴饮九行，离别的宴饮则酒不记巡。以《宣和乙巳奉使金国行程录》所载宋徽宗宣和七年（1125）许亢宗出使金国为例，第十程清州（今河北青县）晚上会食时，酒五行；第二十八程咸州（今辽宁开原）宴饮，"酒五行，乐作，迎归馆"，"次日早……又一使赐宴，赴州宅就座，乐作，酒九行"；第三十八程至金国上京（今黑龙江阿城南），"客省使副相见就座，酒三行"。金太宗吴乞买接见使臣的"御厨宴"是酒五行，次日的"花宴"，"酒三行则乐作……酒五行，各起就帐，戴色绢花各二十余枝。谢罢复坐，酒三行归馆。""次日又有中使赐酒果……乐作，酒三行"。离开上京的"换衣灯宴"是酒三行，但"至此夜，语笑甚款，酒不记巡，以醉为度，皆旧例也"。返程到宋金国界时，彼此相送均为"酒五行"。

巡（行）酒所到，每个人都必须饮尽自己杯中之酒，否则主人会以各种形式进行促饮。唐代张鷟《游仙窟》载："酒巡到下官，饮乃不尽。五嫂曰：'何为不尽？'下官答曰：'性饮不多，恐为颠沛。'……十娘曰：'遣绿竹取琵琶弹，儿与少府公送酒。'"这是以奏乐促饮。为了表示自己饮尽了杯中之酒，古人有时还要亮亮酒杯底，如《汉书·叙传》载："设宴饮之会，及赵、李诸侍中皆饮满举白。"孟康注曰："举白，见验饮酒尽不也。"（[汉]班固：《汉书》卷一百《叙传》，中华书局，1962年，第4200—4201页）

两次巡（行）酒之间，往往进行各种娱乐活动。宋代倪思《经鉏堂杂志·筵宴三感》称："若一杯才毕，一杯继进，须臾之间，宴告终矣。宾主皆无意味。人情不得款曲。"巡（行）酒之间，进行娱乐活动不仅是为了延长饮酒的时间，更主要的是为了侑酒助兴。

宋代以前，巡酒之间的娱乐活动的类型较少，多为歌舞。宋代时，宫廷饮宴行酒间的娱乐活动也多为歌舞表演。但在民间饮宴上，行酒之间的娱乐活动类型多样，丰富多彩，除歌舞之外，或弈棋，或纵步，或款语。有人甚至以书法助饮，叶梦得《避暑录话》卷下载，一次米芾与苏轼两人饮酒，"每酒一行，即申纸共作字。

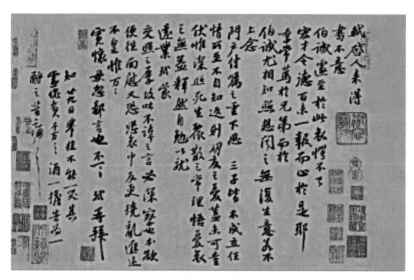

图5-1　苏轼《人来得帖》

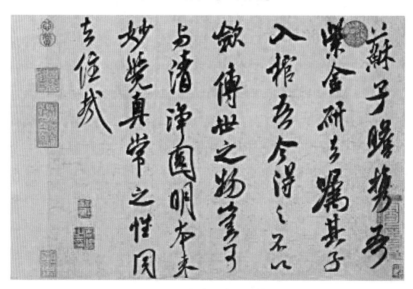

图5-2　米芾《紫金研帖》

二小吏磨墨，几不能供。薄暮酒行既终，纸亦书尽，更相易携去。"

【图5—1】【图5—2】

在民间的大多数酒宴中，巡酒完毕并不意味着饮宴就要结束了。恰恰相反，此时人们酒兴未尽，饮宴尚未进入高潮。巡酒完毕后，进入"自由"饮酒阶段。主宾之间或宾客之间可以自由敬酒。若酒兴仍高，人们或赋诗填词，或歌舞助兴，或行酒令，各种佐觞活动逐渐把饮宴推向高潮，以使人们尽兴而归。

巡酒习俗在一些少数民族酒宴中仍然可以见到，如西南地区的侗族，"酒宴上，由主人指定座中最年轻的亲属负责斟酒、劝酒和罚酒。行酒时，第一杯从左边转起，第二杯再从右边转来，这称为'左发右顺'，第三杯才是自饮。这是酒宴开场的三杯酒，在座的不分宾主，不管酒量大小，一律人人干杯，哪怕是小碗盛酒，也必须底儿朝天"（郭泮溪：《中国饮酒习俗》，陕西人民出版社，2002年，第248页）。从文中可以看以，侗族的"行酒"，亦是一个一个地饮，并且必须饮尽杯中之酒，不同的是饮酒的顺序由"由尊及卑，由长及幼"变易为"左发右顺和自饮"。行完酒后，侗族人还要饮双双对饮的"见面酒"和谁输拳谁饮的"猜拳酒"，这些程序亦和古代内地酒宴的程序相同。

二 今之干杯

今天，在大多数地区，古代的巡（行）酒习俗已演化为酒宴开始之前的共同干杯。干杯之前，首先要碰杯。有人说，碰杯是对耳朵的"补偿"，因为举杯饮酒时，鼻子能闻到酒香，眼睛能看到酒色，嘴巴能尝酒味，五官之中唯独耳朵没能享受到饮酒的乐趣。为了弥补这一缺憾，人们饮酒之前先碰一下杯，让杯子发出清脆的声响，让耳朵首先享受饮酒的滋味。

也有人说，碰杯习俗源于敌对双方媾和的宴饮，因为担心自己饮的是毒酒，饮用之前与主人碰一下杯，让杯中之酒溅入对方杯中

少许，如果酒中有毒，要死大家一起死！如此恶意的解释，与中国人以酒待客的优秀传统相悖，更难以解释广大北方宴饮之前的干杯为何不是一次，而是三次。很明显，今天酒宴开始之前连干三杯的习俗应是古代"三巡酒"的遗风，只不过由按顺序一个一个地饮酒，变为大家共同举杯。

在不同地区，连干三杯的方式也有很大的差异。在有着"华夏文明传承创新区示范市"之称的河南安阳，宴饮开始前的三杯酒一般是这样饮用的：主客全部入座，四道（或两道、六道）下酒的凉菜摆上桌后，酒席的主持人（或主人）首先要说上几句祝酒词，说明请诸位饮酒的原因，介绍主宾，相互认识，然后提议大家共饮第一杯酒。饮第一杯酒时，人们一般要离席站起，互相碰杯，感谢主人的盛情邀请。然后坐下品尝菜肴，谈话叙谊，接着共饮第二杯酒。再次品尝菜肴，闲话少许，共饮第三杯酒。饮第二杯酒和第三杯酒时，就不必离座站起了，相邻的酒客可相互碰杯，距离远的举杯相望即可。或者大家一起端起酒杯，让酒杯底在酒桌上轻碰一下，称之为"过电"，代替碰杯。第一、二杯酒不饮尽亦可，但第三杯酒一定要饮尽。因为饮尽第三杯酒，即意味着酒宴的开始阶段已经结束，将切入正题，进入敬酒阶段了。第三杯酒饮尽，负责斟酒的服务人员（或自己）需要立即将酒杯斟满，这便是"酒不空杯"的习俗了。"空杯"意味着无酒，是对客人的不敬。

在酒风甚烈的河南濮阳，过去有喝"立正、稍息、倒下"三杯的。取平底玻璃杯，第一次倒酒的量与竖放的香烟盒平齐，第二次、第三次倒酒的量分别与横放、平放的香烟盒齐。三杯下来，至少半斤，酒又是50度以上的白酒，一般量小的人喝下去也只有"倒下"的份了。

在齐鲁大地，开席采取"321"的形式共饮三杯。"3"是指主陪先领酒（敬酒）3 次，大家一起喝，第 3 次将第一杯酒喝完；"2"是指副陪领酒 2 次，第 2 次大家将第二杯酒喝完；"3"是指三陪领酒 1 次，大家一次喝完第三杯酒。

在好客的内蒙古大草原，宴前不是大家共饮三杯，而是让最尊贵的主客连饮三杯，中间还不允许吃一口下酒菜。1986 年，诗人北岛和朋友到内蒙古自治区伊克昭盟东胜市（今鄂尔多斯市东胜区），市长设宴招待，"谁知道按当地风俗，市长大人先斟满三杯白酒，用托盘托到我眼前，逼我一饮而尽……这酒非喝不可，否则人家不管饭。作陪的朋友和当地干部眼巴巴盯着我。我心一横，扫了一眼旁边的沙发，连干了三杯，顿时天旋地转，连筷子都没动就一头栽进沙发。醒来，好歹赶上喝了口汤。"（北岛：《饮酒记》，载《酒人酒事》，三联书店，2012 年，第 386—387 页）

在南方广大地区，酒宴之前的"剪彩仪式"相对要简洁一些，如湖北武汉的酒宴一般是这样开始的：主客落座，上菜肴若干，酒杯满上，主持人致辞，说明聚饮缘由，介绍来宾，互致问候，提议大家共干一杯，众人起立，相互碰杯，大声道"干"，饮酒落座，动筷品菜，酒宴开始。甚至有更随意的，主持人介绍完毕后，众人相互一举酒杯，即算开宴。主客即不需要离座起立，杯中之酒也不见得非要喝光。虽然与北方连干三杯的"三巡酒"相比，南方的"巡酒一杯即开筵"，显得更随意自由，但宴饮的仪式感也大大降低。

第二节　敬酒以诚

　　"敬酒"是古今酒宴上的经常见到的酒礼和简洁仪式，多用于表达主人对客人、晚辈对长辈、下级对上级的尊敬之情。古今敬酒的方式有所差异，各地敬酒的方式也多有不同，但用酒表达人们诚挚的敬意却是一致的。

一　古代敬酒

　　中国敬酒的历史起源很早，在先秦时期多称为"献"。以《礼记·燕义》所载国君宴请群臣的"燕礼"为例，"献君，君举旅行酬，而后献卿。卿举旅行酬，而后献大夫。大夫举旅行酬，而后献士。士举旅行酬，而后献庶子"。即饮酒时，宰夫（宴会主持人）先敬献国君，国君饮后举杯向在座的来宾劝饮；然后宰夫向大夫献酒，大夫饮后也举杯劝饮；然后宰夫又向士献酒，士饮后也举杯劝饮；最后宰夫献酒给庶子。宰夫敬献酒醴，尊卑贵贱先后有别，遵循着先尊后卑、先贵后贱的礼仪，这一礼仪也被后世敬酒所普遍继承。

　　先秦时期人们敬酒时，往往还要喊声"万寿无疆"，如《诗经·豳风·七月》云："九月肃霜，十月涤场，朋酒斯飨，曰杀羔羊。

跻彼公堂，称彼兕觥，万寿无疆！""万寿无疆"的核心是"寿"字，即祝愿对方长寿。汉代时，人们为长辈、上级敬酒的借口便是年长多寿，称之"为寿"。在鸿门宴上，项庄就是以为汉王刘邦"为寿"敬酒为借口，进入宴会舞剑的。班固《汉书·高帝纪下》载，刘邦一次置酒未央宫前殿，"上奉玉卮为太上皇寿"。唐代颜师古解释称："凡言为寿，谓进爵于尊者，而献无疆之寿。"（[汉]班固：《汉书》卷一《高帝纪上》，中华书局，1962年，第27页）唐代李贤亦认为："寿者人之所欲，故卑下奉觞进酒，皆言上寿。"（[南朝宋]范晔：《后汉书》卷二《明帝纪》，中华书局，1965年，第122页）现代学者段仲熙考证"为寿"之礼是先秦时期宴饮活动中应酬之礼"酬礼"的遗迹（段仲熙：《说酬》，《文史》第3辑，中华书局，1963年）。

秦汉时期，人们"为寿"时，并不限于晚辈对长辈，参加宴会的平辈、主人和客人之间彼此均可"为寿"。如汉武帝时，丞相田蚡举行宴会，主人田蚡和客人窦婴先后"上寿"。人们上寿时的语言也丰富起来，并不限于说祝对方"益寿""延年""长乐未央"之类的吉语，往往还涉及称颂对方的品德和能力。上寿者在说完上寿语后，要饮尽自己杯中之酒。

唐代时，仍流行敬酒"为寿"，宋人罗大经《鹤林玉露》乙编卷六《朱温母兄》载，唐末朱温为节度使，接其母归，"温举觞为寿"。唐代的敬酒献酬之礼有了新的发展，变得更加自由，主宾之间或宾客之间都可以自由献酬。如果某一位坐客有意向邻座或他人敬酒，大都手捧杯盏，略为前伸，这就表示了献酬的愿望，俗称此为"举杯相属"。对他人敬的酒不饮或饮之不尽，是失礼行为，故有"敬酒不吃吃罚酒"的俗语。民间酒宴上，拒饮他人敬酒被视为

"看不起人"，多有不饮敬酒致令关系失和的。

除内地汉族讲究敬酒外，少数民族亦十分重视敬酒。以清代的满族为例，主人将酒爵放于盘中敬酒，如果客人是位德高望重的长者或比自己年长的，主人都要跪地敬酒，客人饮酒后，主人方能从地上站起来；如果客人的年龄比自己小，主人则站着敬酒，客人则需跪饮一杯方可入座。满族妇女为客人敬酒时，会让客人喝得更多，"惟妇女多跪而不起，非一爵可已也。"（[清] 徐珂：《清稗类钞·饮食类》"满人之宴会"条）

二　现代敬酒

现代酒宴上，"酒过三巡"后，主人多要向客人敬酒，但各地敬酒习俗有别。总的说来，北方人敬酒规矩庄重，南方人敬酒自由随意，少数民族敬酒则灵活多样。

1. 北方敬酒

北方人敬酒的规矩很多，讲究上下长幼之序，是一种"有预案"的组织行为。各地具体的敬酒方式多有不同。在中原地区，敬酒时主人要离席，先给左手位的主客敬酒，再给右手位的次客敬酒，最后按座位次序给其他客人敬酒。若主方是多位人员，主陪先给客人敬酒，然后二陪、三陪敬酒。若主方陪客太多，也有两三位级别、地位相同的人组团向客人敬酒的。敬酒时，一定要站在客人的右侧，以方便客人端杯饮酒。被敬者，必须坐着喝，所谓"屁股一抬，喝了重来""两腿一站，喝了不算"。敬酒过程中，若酒壶（或酒瓶）中的酒恰巧斟完，则称之为"福酒"，这杯喝了不算，要重新再斟再敬。当一人敬酒时，其他人可闲聊品菜，一般不允许另有一人也开始敬酒，以保证整个宴会上只有一个聚焦点。

　　在豫北古城安阳，讲究"敬三陪一"。敬第一杯酒时，客人站起，饮尽自己杯中之酒，称为"腾酒杯"。腾杯酒不是主人敬的酒，这杯酒不算敬酒之数。酒量小的客人，也有不饮尽的。腾完酒杯，敬酒人说出敬酒的缘由，或是欢迎，或是感谢，然后给客人斟上第一杯酒，让客人落座，劝客人饮第一杯酒，劝酒词丰富多彩、五花八门。饮完第一杯酒，敬酒人接着会说"好事成双"，再次给客人斟酒。饮完第二杯酒后，敬酒人会提议自己陪客人共饮第三杯酒，也有客人主动提议共饮第三杯酒的。共饮第三杯酒时，客人要离座站立，主客碰杯。碰杯时，年幼位卑者的酒杯要低于对方。前两杯的敬酒或有不饮尽的，但第三杯的碰杯之酒必须饮尽。随后客人落座，敬酒人将客人的酒杯斟满，称为"压杯酒"。给主客敬完酒后，再给次客敬酒，直到给所有的客人敬完酒为止。然后是第二位敬酒人给座中客人敬酒，直到所有敬酒人都给客人敬过酒后，主方敬酒阶段方告结束。过去，一般不让客人反敬，称"客不倒酒"。客人敬酒，意味着客人没有喝好，这是主人待客不周的失礼行为。现在，客方也有反敬主方的，程序和主方敬酒一致。

　　在豫中南的驻马店上蔡县，敬酒讲究"端二敬四"。敬酒时，敬酒人离座站立，斟满两杯酒，当众饮下，称之为"先干为敬"。然后离座，站在客人的右手方，依顺序给客人们每人敬四杯酒。敬酒过程中，主人不再与客人碰杯饮酒。若客人的酒量较少，可变通为"端一敬二"，反之则"端三敬六"。在酒风甚烈的河南濮阳，人们敬酒时总要另开一瓶新酒，称为"新酒敬客"。一轮敬酒下来，一瓶酒大多"敬"到客人们的肚子里去了。中原人敬酒，总是让客人比自己喝得多一些。对此中原人的解释是：过去河南人穷，酒是好东西，自己舍不得多喝，一定要留给客人喝。

2. 南方敬酒

南方人敬酒规矩较少，显得自由随意。如在"九省通衢"的湖北武汉，大家共同举杯后，便开始敬酒。武汉人敬酒可谓是一种"无预案"的个人行为，每人皆以自我为中心，"无组织无纪律"，自由发挥，想敬谁就敬谁，想敬多少次就敬多少次，但原则上总以尊长为先，将座中客人都要敬过一遍为宜。敬酒时，主人既不离座，宾主又不碰杯，只需举起面前的酒杯，示意被敬者，道声："某某尊长，我敬您一杯！"等对方尊长也举起酒杯时，便可自饮了。尊敬对方的程度往往与饮酒的量成正比的，因此敬酒者往往一饮而尽，至于被敬者喝了多少酒，多不在意。基于此"先干为敬"的饮酒习俗，敬酒时往往还要说声："我干了，您随意！"如此，在武汉敬酒，总是主人自己喝得多，却让客人喝得少！

敬酒喝得少的客人，也不见得喝不醉，因为架不住敬酒的人多，敬酒的次数多，自己又架不住"以心换心"使劲喝！1939年元旦，新四军政治部宣教部派一个工作检查团到前线三支队和老一团检查工作，吴强临时担任检查团团长。在当地驻军的元旦聚餐会上，"酒过三巡之后，我这个代表团团长，竟成了闹酒敬酒的目标。先是主人三支队司令谭震林敬一杯，他一口喝了，亮亮杯底（事后知道他杯子里是白开水！）。我能不干？再是主人一支队的副司令兼一团团长傅秋涛到我的桌子跟前敬一杯，他倒的是高粱白酒，一口下肚。我当然不能不干。好家伙！这个站起来，端起满满的杯子，说代表司令部敬一杯，那个紧跟着站起来，代表政治部敬一杯；这个代表……那个代表，……连续不断地一杯接一杯，大约不下十杯之多，咕噜咕噜地倒下了我的肚子。头能不晕？脸能不红？二十年前醉酒的戏，竟在这里重演！"（吴强：《醉话》，载吴

祖光编《解忧集》，中外文化出版公司，1988年，第118页）

3.边疆敬酒

边疆少数民族多能歌善舞，热情好客，他们敬酒方式灵活多样。北方草原上的蒙古族待客极为热情，当客人上马、下马、进门、迎接、送别时，都要敬酒。迎送敬酒时，敬酒者身着蒙古族盛装，站到客人的对面，双手捧起哈达，左手端起盛满酒的银碗献歌，歌声即将结束时，走近客人，低头弯腰，双手举过头顶进行敬酒。客人用双手或右手接过银碗，用右手无名指蘸酒向上"三弹"，表示一愿蓝天太平，二愿大地太平，三愿人间太平。宴会敬酒时，主人要敬三杯酒，前两杯可饮少许，但第三杯酒要全部喝完。喝完主人敬的酒后，客人要向主人回敬。有些地方，客人将主人敬的酒喝一口之后，即回敬给主人。蒙古族人敬酒，往往还要唱敬酒歌，一支歌客人要喝一杯酒，若客人不喝完，主人就要一直唱下去，直到客人喝下为止。

西南地区的苗族、侗族，给客人敬酒多采用"高山流水"的方式。所谓"高山流水"是指数位敬酒的女子端着盛满米酒的碗，其中一人站在客人的背后，其余人分列两边。站在客人背后的女子用右手臂环绕客人的头颈，将酒碗送到客人的嘴边，客人无法左右移动，只能乖乖地张口饮酒，分列两边的女子趁机将酒碗一个个叠高，将碗中之酒由上而下依次倾入下方的酒碗中。女子们一边敬酒，一边唱着优美的敬酒歌。当地人也将这种敬酒方式称为"咣当酒"，意思是不胜酒力的客人，喝完酒后往往"咣当"一声就倒在地上了。

第三节　劝酒以酬

　　饮酒时，主人为了让客人酒喝好、酒喝足，显示好客之道，多对客人进行劝酒。人们多用言语劝酒，也有诉诸舞蹈动作的。适量劝酒本是一项良风美俗，但在一些地方却蜕变为令人生厌的"逼酒"或"灌酒"。面对逼酒，有人强饮之，有人拒绝之。

一　劝酒之因

　　对于为什么要劝酒，历来解释不同。有人说，是因为酒不好，主人才劝酒的。周作人曾写《谈劝酒》一文，称："酒本是好东西，而主人要如此苦劝恶劝才能叫客人喝下去，这到底是什么缘故呢？我想，这大抵因为酒这东西虽好而敬客的没有好酒的缘故吧。"周作人以身说法，说自己一生只喝过两次好酒，"一回是在教我读四书的先生家里，一回是一位吾家请客的时候，那时真是抢了也想喝，结果都是自动的吃得大醉而回。"（周作人著，钟叔河选编：《知堂谈吃》，山东画报出版社，2005年，第42页）

　　抗日战争时期，冯亦代在重庆以泸州蜜酒宴客，"一上来便齐夸这酒好甜好香，于是相互举杯大喝起来，我一气喝了九、十杯便颓然不省人事"（冯亦代：《喝酒的故事》，载吴祖光编《解忧集》，中外文化出版公司，1988年，第200页）。我有一位师兄，不太能喝酒，在酒席上常拒饮，但茅台除外！周作人、冯亦代和我师兄的例子，仅能说明真是好酒的话，主人不必劝饮，大家会抢着喝的。但这个也未必！"好酒"只对酒瘾君子们有吸引力，没有"酒福"之人对摆在面前的茅台也会无动于衷的。

西晋时期，富甲天下的石崇以美人劝酒，客人不喝便要斩杀美人。以石崇之富，宴客之酒，必不至于是劣酒，则石崇劝酒必有他因。今人饮酒，劝酒者不乏以茅台、五粮液，甚至 XO、人头马等国外高档洋酒者。因为酒不好才劝酒，这一理由显然是站不住脚的。

是佳酿还是劣酒，其答案因人而异。"曾经沧海难为水，除却巫山不是云"（［唐］元稹：《元氏长庆集》补遗卷一《离思》），你嘴巴中的劣酒，可能正是庶民百姓心目中的佳酿！清代刘献廷《广阳杂记》卷三，记载了他一次饮用劣酒的痛苦经历，"村优如鬼，兼之恶酿如药，而主人之意则极诚且敬，必不能不终席，此生平之一劫也。"在客人刘献廷嘴中，村酒恶劣如药，但在主人眼中，自己的酒并非劣如药汤，大家平时喝的就是这种"土茅台"，当然也要用它来招待贵客了。"主人之意则极诚且敬"，说明主人自始至终并没有意识到客人并不喜欢自己的"佳酿"。主人劝酒的原因是"是酒都比水强"，客人眼中的劣酿乃是我心中最好的美酒，希望客人喝好喝足，方显我敬客的诚意。

劝酒敬客是正理，不独古人专美，今人亦然。肖复兴《北京人喝酒》一文称："北京人喝酒，讲究劝酒，一杯满上、饮下，再一杯紧接着满上，而且，北京人自己要以身作则，先仰脖一口灌下，热情恳切而不容置辩让你必须饮下。"（夏晓虹、杨早编：《酒人

酒事》，三联书店，2012年，第145页）

劝酒不仅要实现"敬客"的目的，更要达到"酒酣"的程度，即宾主要喝到尽兴。虽然喝酒的最佳境界是微醺，即宋代邵雍《安乐窝中吟》所谓的"美酒饮教微醉后，好花看到半开时"。然而，微醺怎能尽兴！宾主尽兴的标准不是微醺，而是酒逢知己千杯少，结果往往是大醉。这就是人们看到对方将醉或已醉，仍要不断劝酒的原因了。1956年，京剧大师程砚秋在颐和园听鹂馆宴请电影《荒山泪》摄制组，据导演吴祖光回忆："那天程先生十分高兴，对每一个客人频频劝酒，而我成了他对饮的第一人，结果是待到宴会结束，我连路都走不动了。"（吴祖光：《〈解忧集〉序》，中外文化出版公司，1988年，第7页）

劝酒的原因是复杂多样的，当然不能仅用敬客来解释。唐代诗人王维《渭城曲》（亦名《送元二使安西》）云："劝君更尽一杯酒，西出阳关无故人！"王维劝酒元二，目的是告诉对方，西出阳关之后，你我天各一方，咱哥俩再也不能相聚喝酒了！抓住这最后的机会，再疯狂痛饮一杯吧！

现实生活中，有劝没有喝过酒的小孩子或女性喝酒，以观其初次喝酒的龇牙咧嘴状，以为其乐。酒宴上劝人醉酒以取乐者，更是多矣！善意的劝酒取乐，至多不过是开个小小的玩笑而已。但也有恶意劝酒，希望对方醉酒出丑，如宋初陶穀奉命出使南唐，南唐君臣为了让陶穀为丑，在澄心堂宴请陶穀，"李中主命玻璃巨钟满酌之……穀惭笑捧腹，簪珥几委，不敢不酽，酽罢复灌，几类漏卮，倒载吐茵，尚未许罢"（[宋]文莹：《玉壶清话》卷四）。

对于恶意的劝酒，梁实秋《饮酒》认为："这也许是人类长久压抑下的一部分兽性之发泄，企图获取胜利的满足，比拿起石棒给人迎头一击要文明一些而已。"（梁实秋：《雅舍谈吃》，山东画报出版社，2005 年，第 204 页）更有道德品质败坏者，劝年轻姑娘醉酒，趁人家不省人事时"吃豆腐"，那姑娘家可要当心这样的劝酒者了！

二　劝酒有术

古今劝酒多用口头语言，一类语言是甜言蜜语，正面恭维，劝客饮酒；另一类劝酒语则是反面激将，进行道德绑架，逼人饮酒。

合辙押韵的诗词吟咏起来朗朗上口，用来劝酒更是所向无敌，令人难以招架。诗仙李白是位以诗劝酒的高手，"人生得意须尽欢，莫使金樽空对月"（李白《将进酒》），这是李白正面的劝酒。他的《嘲王历阳不肯饮酒》则是反面激将，其诗云："地白风色寒，雪花大如手。笑杀陶渊明，不饮杯中酒。浪抚一张琴，虚栽五株柳。空负头上巾，吾于尔何有。"嘲笑历阳王县丞，你既崇拜陶渊明，空学了他的抚琴栽柳，却不学他的葛巾滤酒。你既不饮酒，戴头巾何用?!

白居易亦写有《劝酒》一诗，云："劝君一杯君莫辞，劝君两杯君莫疑，劝君三杯君始知，面上今日老昨日，心中醉时胜醒时。天地迢迢自长久，白兔赤乌相趁走。身后堆金挂北斗，不如生前一樽酒！君不见，春明门外天欲明，喧喧歌哭半死生。游人驻马出不得，白舆素车争路行。归去来，头已白，典钱将用买酒吃。"

宋代亦有不少诗人写有劝酒的诗词佳句，如欧阳修《奉答原甫九月八日见过会饮之作》云："我歌君当和，我酌君勿辞"；黄庭坚《西江月·劝酒》云："杯行到手莫留残，不到月斜人散。"后世亦有不少文人写有劝酒诗歌，清代舒铁云、海宁杨吟云和钱塘郝莲均写有《劝酒歌》，富阳秀才蒋芸轩醉后亦写歌劝酒（《清稗类钞·

饮食类》"蒋芸轩嗜酒"条）。

现代人劝酒亦多用合辙押韵的"劝酒辞"，各地劝酒辞多如汗牛充栋，数不胜数。"男人不喝酒，白来世上走"，这是劝不喝酒的男子开戒喝酒的；"酒壮英雄胆，不服老婆管"，这是劝惧内的男子喝酒的；"浓眉大眼络腮胡（或"八字胡"），喝起酒来不含糊"，这是恭维有胡子的男子海量的；"酒是长江水，越喝越貌美"，这是劝女子喝酒的；"老乡见老乡，喝酒要喝光"，这是劝老乡喝酒的；"兄弟相隔千里远，端起酒杯就应干"，这是劝距离较远的兄弟朋友喝酒的；"我给领导敬杯酒，领导不喝我不走（或嫌我丑、我是狗等语）"，这是要挟领导喝酒的；"感情深，一口闷；感情浅，舔一舔；感情厚，喝不够；感情薄，喝不着；感情铁，喝出血"，这是逼迫客人"下杯"要狠一些的。"能喝一两喝二两，这样的朋友够豪爽。能喝二两喝五两，这样的关系好培养。能喝半斤的喝一斤，这样的哥们最贴心"，这是怂恿人们喝"高"的。"客人喝酒就得醉，要不主人多惭愧"，这是劝客人要喝醉的。"人在江湖走，哪有不喝酒。人在江湖飘，哪有不喝高"，这是为客人喝醉酒找借口的。

唱得比说得好听，古今劝酒也多用悦耳的歌曲。"岑夫子，丹丘生，将进酒，杯莫停。与君歌一曲，请君为我侧耳听！"（李白《将进酒》）"劝尔一杯酒，拂尔裘上霜。尔为我楚舞，吾为尔楚歌。"（李白《留别于十一兄逖裴十三游塞垣》）这是李白唱歌，劝朋友饮酒。"花枝缺处青楼开，艳歌一曲酒一杯。美人劝我急行乐，自古朱颜不再来。"（白居易《长安道》）这是美女献唱，劝白居易饮酒。今天，生活在广西的壮族和西南地区的苗族、侗族、瑶族等民族，宴客时也常唱山歌劝饮。北方蒙古族的劝酒歌更为世人所知，"客人到来必须劝酒，方显出主人的热情好客；客人一旦表现出稍有酒量，主人即要尽力敬劝。敬劝不饮即献歌劝酒，歌劝仍不饮，主人即边跪边歌，非把客人饮醉才肯善罢甘休，也才充分表达了主人的热情。"（李硕儒：《酒人酒事》，载夏晓虹、杨早编《酒人酒事》，三联书店，2012 年，第 414 页）

伴随劝酒歌的，往往还有舞蹈，如唐代王绩《辛司法宅观妓》云："长袖随风管，促柱送鸾杯。"直到今天，劝酒歌舞仍流行于不少能歌善舞的少数民族之中。

在广大内地，在语言不能发挥劝酒作用时，人们便诉诸动作。在豫东的黄泛区，过去农民饮酒有"跪劝"的。"文化大革命"期间，曾在黄泛区农村插队的河南作家李準回忆道："那里农民劝酒也利害，有时跪在地上，头上顶着一杯酒，使你非喝不可。"（李準：《酉日说酒》，载吴祖光编《解忧集》，中外文化出版公司，1988 年版，第 272 页）对不饮酒的客人，更多的地方是"诉诸武力，捏着人家的鼻子灌酒"（梁实秋：《雅舍谈吃》，山东画报出版社，2005 年版，第 204 页）。在河南淮阳的结婚夜宴上，"新娘新郎如闻劝即饮，就作罢论；否则，大家必协同实行武力解决，直至新人双方各饮少许而后已"（民国二十三年《淮阳乡村风土记·劝酒风俗》）。

三　拒劝有方

面对劝酒，有人觉得正合我意，遂就坡下驴，饮了杯中酒，满座宾主尽欢。也有人不胜酒力，虽然节节抵抗，终归意志不坚强，最后防线崩溃，缴械投降，落个酩酊大醉。也有人拒酒有方，能言善辩的，亦逞口舌之利，左右逢源，应对自如，遵行"唯酒无量不及乱"（《论语·乡党》）的古训；口拙舌笨的，坚守抱一不饮酒，

纵令你三寸不烂舌说得天花乱坠，我这里始终滴酒不沾唇。

劝酒多以言语劝，拒酒自然口舌争。文人骚客多喜酒，掌握话语主动权，多写劝酒诗词的，却从无写拒酒诗歌的。庶民百姓要拒酒，虽不能借助于雅训的诗词歌赋，来句通俗的顺口溜还是可以的，所以世无拒酒的诗歌，但有拒酒的辞令。"来时夫人有交代，少喝酒来多吃菜"，这是提前声明今天要少喝。"只要感情好，不管喝多少"，"酒逢知己千杯少，能喝多少喝多少"，"为了不伤感情，我喝；为了不伤身体，我喝一点。感情浅，哪怕喝大碗；感情深，哪怕舔一舔"，这是不准备饮完杯中之酒了。"万水千山总是情，少喝一杯行不行？"这是要申请减少饮酒总量。"只要心里有，茶水也是酒"，"只要感情有，喝啥都是酒"，这是李代桃僵，准备以茶代酒或以水代酒了。"危难之时显身手，兄弟替哥喝杯酒"，这是要找人替酒。"要让客人喝好，自家先要喝倒"，这是反戈一击，要挟主人先醉酒。

巧舌如簧的，可用嘴巴拒酒；笨嘴拙舌的，也可用嘴巴拒酒，闭上嘴巴不喝即可。任你劝酒花样百端，闭嘴死活不喝是拒酒的终极武器。西晋石崇以姬劝酒，客人不喝即斩美人。大将军王敦就是不喝，石崇连斩三美人，连一同赴宴的丞相王导都看不下去了，遂帮主人劝饮。王敦不但不饮，反而训斥道："自杀伊家人，何预卿事！"（《世说新语》卷下《汰侈》）宋代包拯宴请司马光和王安石（字介甫），"公举酒相劝，某素不喜酒，亦强饮，介甫终席不饮，包公不能强也"（[宋]邵伯温：《邵氏闻见录》卷十）。周作人的父亲酒量好，"但是痛恨人家的强劝，祖母方面的一位表叔最喜劝酒，先君遇见他劝时就绝对不饮，尝训示云，对此等人只有一法，即任其满酾，就是流溢桌上也决不顾"（周作人著，钟叔河选编：

《知堂谈吃》，山东画报出版社，2005年，第41—42页）。

　　现代人拒酒常用的还有两招：一是我吃药了。感冒吃了头孢，牙疼吃了甲硝唑，再饮酒就会危及生命。毕竟性命要紧，事先声明，自然无人劝酒。二是我开车来的。饮酒驾车要拘留，醉酒驾车要入刑。大家对"开车不喝酒，喝酒不开车"已形成共识，作为司机自然不能饮酒。

　　实际上，应付强行劝酒，还有一招，那就是离席逃归。劝酒有节，以酣为度。饮酒既酣，宾主尽欢。此时理应撤杯散席，各自回归。若满座皆不知劝酒有节，而以能劝为强，则必为市井恶夫。既不屑善避为巧，又强饮则醉，不饮失欢，进退维谷。满座恶客，何不逃席避之，以脱今日酒厄？他日切记，定于此班人等断了酒缘，以免再遭劫难。

第四节　侑酒以欢

侑酒起源于先秦时期的"燕射礼"，它将饮酒与娱乐相结合，是酒宴之中最热闹、最欢快的环节。汉代焦赣《易林》卷二《坎之兑》称："酒为欢伯，除忧来乐。"最能体现饮酒之欢的便是侑酒，后世多通过歌舞、酒令等娱乐手段，使人们沉浸其中，处处欢声笑语，从而将酒宴推向高潮，达到宾主尽欢的目的。

一　歌舞侑酒

音乐和舞蹈对宴会起着相当重要的调节作用，以歌舞侑酒是中国重要的酒俗之一。歌舞多在酒酣耳热之际进行。如汉代张衡《西京赋》称："促中堂之狭坐，羽觞行而无算。秘舞更奏，妙材骋伎。妖蛊艳夫夏姬，美声畅于虞氏……振朱屧于盘樽，奋长袖之飒纚。"张衡《舞赋》道："音乐陈兮旨酒施"，"于是饮者皆醉，日亦既昃。美人兴而将舞，乃修容而改袭"。酒宴之上的歌舞可分为两类：一是自娱性的歌舞，二是他娱性的歌舞。

1.自娱性歌舞

自娱性歌舞是酒宴主人或宾客表演的歌舞，主要流行于唐代以前。如汉高祖宴请"商山四皓"，宴会结束时对宠姬戚夫人道：

"为我楚舞，吾为若楚歌。"（《汉书·张良传》）又如杨恽《报孙会宗书》曰："田家作苦，岁时伏腊，烹羊炰羔，斗酒自劳……奴婢歌者数人，酒后耳热，仰天拊缶而呼乌乌……是日也，拂衣而喜，奋袖低卬，顿足起舞，诚淫荒无度，不知其不可也。"（《汉书·杨恽传》）

在汉唐时期的正式宴会中，参与自娱性歌舞成为一种程序化的礼仪，即"以舞相属"。"以舞相属"一般在酒宴高潮时进行，其程序为：主人先行起舞，舞罢，邀请一位来宾起舞，客人舞毕，再邀请另一位来宾起舞，如此循环。唐太宗的长孙燕王李忠出生时，太子李治在弘教殿设宴庆贺，唐太宗李世民亦参加了此次宴会，"太宗酒酣起舞，以属群臣，在位于是遍舞，尽日而罢，赐物有差"（《旧唐书·高宗诸子传》）。

"以舞相属"有时是对某位贵宾专门表示的尊敬，如李白《对酒醉题屈突明府厅》云："山翁今已醉，舞袖为君开。""以舞相属"所表演的舞蹈，必须有身体旋转的动作。在宴会上，不舞或舞而不旋都是失礼的行为，不仅破坏宴会的气氛，还容易产生矛盾，如在汉代窦婴举行的宴会上，"及饮酒酣，夫起舞属丞相，丞相不起，夫从坐上语侵之"（《史记·魏其武安侯列传》）。

酒宴之上宾客往往亲自歌唱，以抒发自己的感情。汉高祖刘邦平定黥布，过沛县，邀集故人饮酒。酒酣时刘邦击筑，唱《大风歌》："大风起兮云飞扬，威加海内兮归故乡。安得猛士兮守四方！"（《汉书·高祖纪》）为了答谢主人的美意，人们多歌唱致敬。尉迟偓《中朝故事》卷上载："瞻至湖南，李庚方典是郡，出迎于江次竹牌亭。置酒，瞻唱《竹枝词》送李庚。"在飞觥把盏之间，无论是主人，还是客人都可以邀请对方唱歌，如唐代李绛为户部侍

郎曾参加本司酒会，张正甫"把酒请侍郎唱歌"（［宋］李昉：
《太平广记》卷一七九《张正甫》引《嘉话录》）。蒋防《霍小玉传》
载："遂举酒数巡，生起，请玉唱歌。初不肯，母固强之，发声清
亮，曲度精奇。"（李昉等：《太平广记》卷四八七引）

后世酒宴在酒酣耳热之际，参宴众人也有趁酒兴唱曲的。在清
代曹雪芹《红楼梦》第六十三回《寿怡红群芳开夜宴　死金丹独艳
理亲丧》中，怡红院里的袭人、晴雯、麝月等丫鬟，凑份子为宝玉
过生日，"彼此有了三分酒，便猜拳赢唱小曲儿"，一夜之间吃光
了一坛子酒，"一个个吃的把臊都丢了，三不知的又都唱起来。"

在能歌善舞的少数民族举行的酒宴上，仍流行自娱性歌舞。在
古代，藏族人宴会时，"男女同坐，歌声醉答，终日始散。"（《清
稗类钞·饮食类》"藏人之宴会"条）西藏噶伦卜人，"过大节盛
会，即选美丽妇人十余人，戴珠冠，衣彩衣，使行酒歌唱，亦能度
汉曲。"（《清稗类钞·饮食类》"噶伦卜人之宴会"条）台湾高山
族人，"每俟秋米登场，即以酿酒，男女藉草剧饮歌舞，昼夜不
辍，不尽不止"（《清稗类钞·饮食类》"台番藉草剧饮"条）。王
蒙《我的喝酒》称："在维吾尔人的饮酒聚会中，弹唱乃至起舞十
分精彩。"（夏晓虹、杨早编：《酒人酒事》，三联书店，2012年，
第351页）草原上的蒙古族，更是喜欢唱歌侑酒，北岛《饮酒记》
称："1986年春我和邵飞去内蒙古，朋友带我们到草原上做客。
那里民风淳朴，唯一的待客方式就是饮酒唱歌。轮流唱歌喝酒，唱
了喝，喝了唱，直到躺下为止……我发现他们唱歌方式特别，酒精
随着高频率振荡的声带挥发而去，不易醉。"（夏晓虹、杨早编：
《酒人酒事》，三联书店，2012年，第386页）在中原内地，自娱
性歌舞侑酒已不多见。有人喜欢酒后到歌厅吼两嗓子，倒也可以看

作自娱性歌舞侑酒的变异形式。

2. 他娱性歌舞

他娱性歌舞是由专业的歌舞人员表演的歌舞，主要供参加酒宴的宾客欣赏，用于调节酒宴气氛，也用于表达人们的感情。在唐代的接风洗尘与送别饯行之类的宴饮活动中，主人经常请歌手为其唱歌，通过悠扬的歌声来表达喜悦或留恋的心情。他娱性歌舞的表演者多是年轻貌美、技艺高超的歌伎舞女。

宋代时，自娱性歌舞逐渐从酒宴上消失，主人和宾客很少亲自参与歌舞活动了，他们成为歌舞表演的专门欣赏者，而歌伎舞女则成为歌舞的专门表演者，他娱性歌舞在酒宴上开始一统天下。参加酒宴的宾客虽然完全成了歌舞的被动欣赏者，但由于歌舞已完全由专业的歌伎舞女承担，演出水平一般较高，酒宴之上往往烛光香雾，歌吹杂作，营造出一种如醉如痴、如梦如幻的境界。

由于歌舞由歌伎舞女承担，所以在人们的心目中，酒宴上的歌舞就是为了娱客，而不是自娱。《宋史·王韶传》载，一次王韶宴客，"出家姬奏乐，客张绩醉挽一姬不前，将拥之，姬泣以告。韶徐曰：'本出汝曹娱客，而令失欢如此。'命酌大杯罚之，谈笑如故，人亦服其量。"

后世大型的酒宴，也多见他娱性歌舞侑酒。在清代曹雪芹《红楼梦》中，屡有贾府贵族"吃酒听戏"的描述，如第十一回《庆寿辰宁府排家宴　见熙凤贾瑞起淫心》描写了宁国府为庆贺贾敬寿辰，特意"找了一班小戏并一档子打十番的"，请宁荣两府家眷吃酒听戏。第五十四回《史太君破陈腐旧套　王熙凤效戏彩斑衣》描写了荣国府元宵夜宴，贾母让自家小戏班文官等人唱《寻梦》《下书》，吹《灯月圆》，以助众人酒兴。

今天，一些酒店为招徕生意，也有请艺人表演歌舞为酒客助兴的。有一年笔者到郑州，一帮朋友请我到"大玉米"楼外广场喝啤酒，正遇到一支西洋乐队为客人演奏助兴。河南安阳的金狮麟酒店，一向以服务周到驰名，当客人消费到了一定的标准，店家便主动派歌手舞女即兴表演，以助客人酒兴。

二 行令助觞

行令助觞，即行酒令助饮。一般认为，酒令的起源与古代的投壶之戏有关。投壶的方式是投者将矢投入壶中，未中者罚酒。所投之壶，壶口小，颈长而直。河南济源汉墓出土的投壶高26.6厘米，矢的长度在18—26厘米之间。南阳画像石中有二人持四矢投壶的场面，壶内有二矢，壶左放一酒樽，上有一勺。壶的两侧有二人席地跪坐，执矢投壶。其中，一人似为输酒而醉，被挽扶离席（闪修山等：《南阳汉代画像石刻》图12，上海人民美术出版社，1981年版）。

酒令的正式形成是在唐代，"酒令"一词最早指主酒吏，如《梁书·王规传》载："湘东王时为京尹，与朝士宴集，属规为酒令。"唐代时，酒令才开始作为一个专有名称，特指酒筵上那些决定饮者胜负的活动方式。酒令形成后，很快就成为人们宴饮助兴的主要娱乐形式，从文人到百姓无不选择适合其活动的酒令来佐饮。

唐代的酒令名目繁多，但大多数唐代酒令至宋代时就已经失传了。如陈振孙《直斋书录解题》卷一一称："《醉乡日月》三卷，唐皇甫松子奇撰。唐人饮酒令此书详载，然今人皆不能晓也。"目前已知的唐代酒令约有20多种，这些酒令多需借助于骰盘、筹箸、香球、花盏、酒胡子等器具方能行令。如行筹令时，大家轮流抽取长条形的筹箸，根据上面的字句，决定如何饮酒。其中，"唐诗酒筹"极具特点，其中的文化意蕴令人回味无穷。这套令筹，每筹取唐诗一句，并说明其饮法，幽默诙谐，如"人面桃花相映红。面赤者饮"。其他如"名贤故事筹令""饮中八仙筹令""寻花筹令"等也比较受人们的欢迎。中唐以后，筹令开始衰落，但筹令所使用的酒筹被广泛应用于宴饮的各种场合，故后世往往用"觥筹交错"来形容宴饮。

后世酒宴亦有行筹令者，如清代曹雪芹《红楼梦》第六十三回《寿怡红群芳开夜宴　死金丹独艳理亲丧》中，贾宝玉生日怡红院举行夜宴，大家用象牙花名签行酒令，薛宝钗抽到了一支"艳冠群芳"的牡丹签，签上镌着一句唐诗："任是无情也动人。"又注着："在席共贺一杯，此为群芳之冠，随意命人，不拘诗语雅谑，道一则以侑酒。"

宋代以后，文字酒令后来居上，极为流行。文字令的盛行与文人群体的迅速壮大密切相关。宋代统治者采用重文轻武的政策，加大科举取士的力度，使文人群体日益扩大，整个社会的文化水平有了较大提高。人们进行文字游戏的技巧也比较娴熟，酒酣耳热之际为后人留下了不少高水平的文字令。行文字令需要的是才思敏捷和口齿清晰的吐字讲谈，而不是如狂似癫的大呼小叫，因此行文字令时酒客显得谦和、随意和文雅。

明清时期，文字令在文人雅士等知识阶层中仍很流行。清代曹雪芹《红楼梦》中便记录了不少文字令，如六十二回《憨湘云醉眠芍药裀　呆香菱情解石榴裙》，众人在红香圃中举办寿宴。席间史湘云出一令曰："酒面要一句古文，一句旧诗，一句骨牌名，一句曲牌名，还要一句时宪书上的话，共总凑成一句话。酒底要关人事的果菜名。"史湘云自己的令为，酒面："奔腾而澎湃，江间波浪

兼天涌，须要铁锁缆孤舟，既遇着一江风，不宜出行。"酒底（鸭子）："这鸭头不是那丫头，头上那讨桂花油。"酒令所用之典，古文用北宋欧阳修《秋声赋》，旧诗用杜甫《秋声》中"江间波浪兼天涌，塞上风云接地阴"，"铁索缆孤舟"为骨牌名，"一江风"为曲牌名，"不宜出行"常见于旧时皇历。酒底用鸭头谐音丫头。

近代以来，简单易行的划拳成为普通大众最为喜爱的酒令。划拳又称猜枚、划枚、猜拳、拇战等，基本规则是划拳的双方各伸出右手数指，同时口中喊出从 0 到 10 中的某一数字，双方指数相加等于某人所喊出的数字时即为赢，输者罚酒。也有相反规定的，画家方成回忆在抗战时期，"那时大学生多从沦陷区来，无经济来源，靠学校贷金度日。过春节时，恰遇大家都十分手紧。于是几个人凑钱打了半瓶酒，买一包炒花生米，聚在宿舍里呼五喝六划着拳喝起来。因为酒少，便一反常规，是赢家才喝一口，准吃花生米半颗。"（方成：《借题话旧》，载吴祖光编《解忧集》，中外文化出版公司，1988 年，第 13—14 页）

划拳的娱乐性和技巧性均较高，容易使人兴奋，非常有利于宴饮气氛热烈，使宾主尽欢。对于划拳所出的指头，不少地区也颇有讲究。如不少地方出一指时，要出大拇指，表示敬重对方。若出小拇指，则必须将小拇指竖着朝下。忌讳出食指表示一。出二指时，一般出大拇指及食指。若出大拇指及小指表示二时，则将大拇指朝上或指向对方。忌讳出食指和中指表示二。出三指、四指、五指或空拳时则不太讲究。

除划拳外，现代比较流行的酒令还有"猜有无""三长两短""敲杠子老虎""大压小""大小葫芦（西瓜、鸡蛋）""击鼓传花""掷骰子""猜大家宝""明七暗七"等。

　　"猜有无"为两人酒令。行令时，任取席上的果品或火柴棍、香烟蒂，握于任一拳中，然后出一拳，让对方猜其有无。双方事先约定好猜中谁饮酒、饮多少等。一般是猜中则出拳者饮，不中则猜者饮。猜数次后，可交换来猜。

　　"三长两短"也为两人酒令，是"猜有无"的升级版本。行令时，取四根火柴棍，并将其中的一根从中折断为两根短的，使其成为三长两短的令具。出令者从中取出或长或短的任意几根握于手中，但不许有空，请对方先猜单双，再猜根数，最后猜长短。和"猜有无"一样，猜中则出拳者饮，不中则猜者饮。一次行令，可决定三杯酒的输赢。家有围棋者，也可用三黑二白（或三白二黑）五枚棋子来行此酒令。

　　"敲杠子老虎"为两人酒令。行令时，两人各拿一双筷子同时敲击桌面，每次都以"老虎、老虎"的格式起令，接着说出自己想要说的动物名，或老虎，或鸡，或虫，或杠子。老虎吃鸡、鸡吃虫、虫蛀杠子、杠子打老虎，输者喝酒。

　　"大压小"为两人酒令，又称压手指头。行令时，两人同时伸出一指，拇指压食指、食指压中指、中指压无名指、无名指压小指、小指压拇指。被压者喝酒。

　　"大小葫芦（西瓜、鸡蛋）"为两人酒令。行令时，令官叫大葫芦（西瓜、鸡蛋）时，对方则用手比画一个小的。反之，令官叫小葫芦（西瓜、鸡蛋）时，对方则比画一个大的。错者罚酒。

　　"击鼓传花"为集体酒令。事先准备一面鼓、一枝花。让一位不参加饮酒的人，用布蒙上眼睛敲鼓，鼓声开始时，主持人将花传给邻座的人，依次传递，连续不断。鼓声停止时，花在谁手中，谁就饮酒。

"掷骰子"为集体酒令。事先准备三只骰子，用白纸糊住六面，上面写字。第一只骰子上面写人物：公子、老僧、少妇、屠夫、妓女、乞儿；第二只上面写地方：章台、方丈、闺阁、市井、花街、古墓；第三只上面写动作：走马、参禅、刺绣、挥拳、卖俏、酣眠。将骰子放在一只碗里，大家来掷。掷出"公子章台走马"等原句的，大家共喝一杯；掷出情理可差的，如"乞儿市井酣眠"，免饮；掷出情理不通的，如"老僧闺阁酣眠"，按例罚酒。此令也可以变通人物、地方与动作。

"猜大家宝"为集体酒令。行令时，按座中人数取相等的火柴根数，此为"宝"。令官先饮酒一杯，取任意根数的火柴握于手中，但不许为空，请席中某人来猜。猜者有定规则的权力，一般是从座中某人开始按顺时针或逆时针来数，数中者饮酒。饮酒者有权猜第二宝。若饮酒者正好是出拳的令官，则称为"夺宝"。这时，令官除饮酒外，还要把"宝"交给被猜者，被猜者即成为新令官。

"明七暗七"为集体酒令。行令时，座中一人为令官，先饮酒一杯。令官说出一个七以下的数字，按顺时针或逆时针的方向，大家依次数数，遇七、十七、二十七等带七的数字（明七）则喊"过"，遇十四、二十一、二十八等七的倍数（暗七）也喊"过"，喊错者或停顿者罚酒。罚酒者即成为新令官，重新开始行令。

除歌舞、酒令等常见的娱乐侑酒外，还有诗词侑酒、书法侑酒等其他侑酒形式，李白斗酒诗百篇，一般人认为是酒助诗兴，也可以反过来看作以诗助酒。画家丰子恺十分欣赏数学家苏步青的诗："草草杯盘共一欢，莫因柴米话辛酸。春风已绿门前草，且耐余寒放眼看。"觉得"世间最好的酒肴，莫如诗句"（丰子恺：《湖畔

夜饮》，载范用编：《文人饮食谈》，三联书店，2004 年，第 275
页）。唐代草圣张旭，每醉酒便癫号狂书。宋代大书法家米芾和苏
轼一次饮酒，每饮一行酒，两人便书写一通。这均是以书法侑酒。
宋朝诗人苏舜钦"《汉书》下酒"的故事，也可看作读书侑酒了。

　　除巡酒、敬酒、劝酒、侑酒之外，还有罚酒、座次、上菜等酒
俗。如罚酒，赴席迟到、言语失当、行为失礼，照例要罚酒一杯或
三杯。有主动认罚的，也有被动处罚的。若不小心违了规，还是主
动自罚好，否则罚酒的杯数不仅可能多，而且那杯子也可能比平常
的要大上几圈。因为"罚酒是照死了灌，让你在大庭广众之下丢人
现眼"（北岛：《饮酒记》，载夏晓虹、杨早编《酒人酒事》，三联
书店，2012 年版，第 387 页）。

　　中国人讲等级，座次安排马
虎不得，入席饮酒一定要找准自
己的位置。中原人官场习气重，
酒宴座次一如官方开会，对着大
门设首座，以首座为核心，先左
后右，按人们的地位依次设座，
背对着大门的地位最低，为末
座。但在齐鲁大地的山东却并非
如此，山东酒宴座次主宾分明

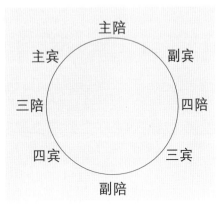

图5-3　山东酒宴座次

【图 5—3】。对着大门设主陪座，右手为主宾座，左手为副宾座。
背对大门设副陪座，右手为三宾座，左手为四宾座。
　　与西方人酒吧干喝不同，中国人饮酒一定要有下酒菜。南方宴
饮上菜的规矩不多，北方却异常重视上菜的数量、次序和节奏。酒

宴菜数重视二、四和六、八，如四凉四热、六凉六热、八凉八热或二凉四热、四凉六热、六凉八热等。酒宴菜数忌讳三，在北方三个菜是丧席上给"吹响器"的乐人吃的，"三"谐音"散"，意思是你们吃了别再来我家！南方宴饮可以凉碟热碗齐飞，北方一定要先凉后热最后汤，否则客人走光光！

第六章　觥筹交错：饮酒器具

　　中国的酒具历史悠久，它伴随着酒的发明而产生。不同时代的酒具具有独特的时代风貌，是中国酒文化的重要组成部分。广义的酒具包括酿酒器具、储酒器具和饮酒器具；狭义的酒具不包括酿酒器具，主要是指盛酒器和饮酒器。本章主要讨论狭义的酒具，即盛酒器和饮酒器。

第一节　古朴青铜

青铜酒具源于二里头文化，盛于殷商，入周之后渐趋衰落，东汉以后基本绝迹。青铜酒具造型精美，种类繁多，主要有爵、角、觚、觯、斝、盉、尊、彝、觥、罍、壶、卣等。除饮酒的实用功能外，大多数青铜酒具逐渐演变为礼器，蕴含着丰富的中华文化元素。

一　饮酒器具

青铜爵、角、觚、觯的主要功能是饮酒，可统称为饮酒器具。

1.爵

青铜爵【图6—1】，形似雀鸟，三足，圆腹，一侧有鋬手，前有流（倾酒的流槽），后有尾，中有杯，杯口上有两柱。在古代，"爵"通"雀"，之所以将爵铸造成雀鸟的形状，是因为雀鸣"啫啫"，音近"节节"，提醒人们饮酒要有节制。"爵最初是饮酒器，后来随着青铜文化的发展、社会等级的制度化，爵逐渐演变为代表身份和地位的礼器"（胡洪琼：《汉字中的

图6-1　青铜爵

酒具》，人民出版社，2018年，第21页）。

作为饮酒器，一爵的容量即为一升，十爵为一斗，百爵为一石。爵在夏代已经出现，最初是陶制的爵，夏代晚期开始出现青铜爵。夏代的青铜爵，流窄长，尾尖，长束腰，浅鼓腹，平底，下有三棱锥状足，一侧有鋬，腹壁较薄，质朴无纹。夏代青铜爵的流和尾，倾斜度都不大。流多作狭槽形，且较长，流和杯口之际多不设柱。与青铜爵组合的酒器主要有青铜盉、青铜斝和陶盉。

商代是青铜爵最为盛行的时代。商代早期的青铜爵，器壁增厚，形体规整，细腰，腰部和腹部分界明显，横切面多为椭圆形。纹饰有线条粗宽的饕餮纹、联珠纹和凸弦纹或由凸弦纹变形而来的乳钉纹。与青铜爵配套组合的酒具有斝、觚和盉、尊。

商代晚期的青铜爵，器型厚重，纹饰繁缛，流和尾的长度比例较为接近，双柱从流和口之际逐渐向后移。鋬上常有装饰，柱有菌形、帽形或蟠龙、蟠蛇等多种形状。足以三角锥形为主，也有三角刀形的。

商代晚期，由于铸铜技术趋于成熟，出现了体积较大的青铜爵，这样的青铜爵不太适合日常饮酒之用，而适用于在重大的祭祀活动中使用，显示隆重和庄严的气氛，青铜爵由饮酒器具逐渐转化为祭祀礼器。在婚嫁、宴飨、会盟、赏赐等礼仪活动中，也经常用到青铜爵。在祭祀等礼仪活动中，由于只有贵族才有资格用爵，"'爵'字就慢慢地由'酒器'演变为'官位'的含义"（胡洪琼：《汉字中的酒具》，人民出版社，2018年，第17页）后世的"爵位"一词，反映了爵在饮酒器中具有较高的地位。

进入西周，青铜爵日益衰微。不仅数量剧减，而且形体较小，器壁较薄，纹饰简单。与青铜爵配套组合的酒具有尊、觯、卣等。

西周中期以后，青铜爵逐渐消失，爵的概念也日益泛化为对一般饮酒器的称呼。宋代以后，出现了铜、玉、金、银等材质的爵，在性质、纹饰等方面多仿造商周时期的青铜爵。

2. 角

青铜角【图6—2】与青铜爵极为相似，它的腹部、鋬、三足皆与爵相同，所异者为口部，青铜爵的口部由流、尾、柱组成，青铜角的口部仅有两个翘起的"尾"，无柱。青铜角附加有青铜盖，远远望去像两只耸立的兽角，这正是青铜角得名的原因。在殷商至西周早期的青铜酒器组合中，青铜角占有重要地位，角和觚等青铜酒器常相伴而出。

图6-2　青铜角及铭文

与青铜爵相比，青铜角的数量不仅较少，流行的时间也较短。青铜角在夏代开始出现，殷商时期是青铜角最为流行的时代，西周之后青铜角迅速消失。在考古发掘中，西周早期以后的遗址中就不见有青铜角的出土了。殷商时期的青铜角总数占全部的四分之三，西周时期的青铜角约占总数的四分之一。（张懋镕：《商周青铜角探研》，《古文字与青铜器论集》第二辑，科学出版社，2006年，第114—123页）

后世也有用"角"作为酒的容量单位的，如宋代郑獬《觥记注》载："角者，以角为之，受四升。"宋代酒肆卖酒，多以"角"为单位。如宋话本《张古老种瓜娶文女》："与我去寻两个媒婆子。若寻得来时，相赠二百足钱，自买一角酒吃。"

3. 觚

觚的外形呈喇叭形，细腰，高足，腹部和足部各有四条棱角。

最早的觚为陶觚，出现在新石器时代中期。商代早期，开始出现青铜觚，商代中晚期是青铜觚最为盛行的时代，入周之后青铜觚开始衰落。在孔子生活的春秋时期，觚的外形已不如前代，故孔子感叹道："觚不觚，觚哉!"（《论语·雍也》）宋代以后，瓷质觚开始流行，但只作为装饰品，而不作为酒器使用了。

图6-3　青铜圆觚

青铜觚有方觚和圆觚【图6—3】两种，其中方觚的地位要高一些。根据觚腹部宽度与觚高度的比例，青铜觚又分为粗体觚和细体觚。粗体觚在商代早期数量较多，但制作粗糙。商代后期的粗体觚数量较少，但制作精美。

细体觚在商代早期数量稀少，觚体较矮，商代后期觚体变高。商代晚期至西周早期，细体觚极为流行。这一时期的细体觚，装饰华美，纹饰精细，觚体变得极细极高，口部外翻的程度很大。

在商代墓葬中，一爵配一觚，都是成套出现的，如一爵一觚、二爵二觚。爵与觚的容量之比，《周礼·考工记·梓人》云："勺一升，爵一升，觚三升。献以爵而酬以觚。"所引《韩诗》则称："一升曰爵，二升曰觚，三升曰觯，四升曰角，五升曰散。"从考古实物来看，"发现比例在 1∶2.1 到 1∶2.5 之间的最多，可以说爵与觚容量之比是 1∶2 的关系。"（胡洪琼：《汉字中的酒具》，人民出版社，2018 年，第 71 页）

早期的觚比较粗矮，觚口外侈程度不大，适合饮酒。后期的觚，觚口外侈程度较大，不适合饮酒，反倒适合往爵中斟酒，这可能正是一爵配一觚的原因。还有学者认为："青铜爵和觚是与铜柶一起使用的：在爵内盛以清酒，甚至可以加香草煮酒加热，用铜枓不时搅动，使之香气四溢；在铜觚里盛放的是固态或半液态的酒滓，用枓食之。"（胡洪琼：《汉字中的酒具》，人民出版社，2018年，第72页）

4. 觯

觯形似尊而小，流行于商代晚期和西周早期。商代的青铜觯，圆腹，侈口，圈足，形似小瓶，大多数有盖子。西周时，开始出现方柱形的青铜觯，觯的四角为圆形的。春秋时期，演化成长身、侈口、圈足觯，形状像觚，铭文称为"鍴"，而不称"觯"。觯的容量为三爵，为尊贵者所使用，《礼记·礼器》称："尊者举觯，卑者举角。"

二　温调器具

中国传统的粮食发酵酒，需温热后饮用。作为饮酒器的青铜爵、青铜角，下有三足，虽然兼具温酒功能，但爵、角的容量有限，并不适合用来温热数量较多的酒，专门温酒的青铜器为斝。

斝在文献中又称"散"，圆口三足，最早的斝为陶质的。青铜斝最早出现于二里头文化四期，一直延续到西周中期。商代和西周初期是青铜斝最为流行的时期。在河南郑州商城的考古发掘中，出土有三足弦纹斝，其底部有烟炱的痕迹，可以断定当时其曾用于温酒。

除圆腹形斝【图6—4】外，商代还有方形斝【图6—5】。无论圆斝，还是方斝，斝的口沿上多有两柱，柱的形态各异。

图6-4　青铜圆斝

图6-5　青铜方斝

有学者认为，斝还具有滤酒功能，斝口沿上的两柱即是用来放置过滤囊的。（陈佩芬：《夏商周青铜器研究》，上海古籍出版社，2002年，第12页）

斝口上的两柱最初为横置三棱锥形，商代中期以后，斝柱开始对称立于口沿之上，柱帽也变得高大起来。商代晚期和西周初期，出现了鸟形柱帽，一些斝口沿上已无两柱，可以推知商代中晚期斝已失去温酒、滤酒的实用功能，成为一种纯粹的礼器。"在商代墓葬中斝与尊所摆放的位置相近，尤其在商晚期，斝形体硕大，所以可以猜想在商代晚期斝与尊的功能应该可以互相替代了"（胡洪琼：《汉字中的酒具》，人民出版社，2018年，第397页）。

图6-6 青铜盉

上古人饮酒，还有调酒的习俗。调酒的专门器具为盉，王国维《说盉》称："盉之为用，在受尊中之酒与玄酒而和之而注之于爵。或以为盉有三足或四足，兼温酒之用。"文中的"玄酒"即清水。早期的袋足陶盉，出现的时间很早，可能具备温酒功能。青铜盉【图6—6】专门用于调和酒的浓度，它主要流行于商周时期。

在器形上，青铜盉圆口，三足，深腹，腹部有一鋬手，一些盉上还有提梁。商人好酒，青铜盉多与爵、觚等酒器共存。周人禁酒，青铜盉常与注水器青铜匜并存。春秋战国时期，一些盉去掉了鋬手，三足变圈足，提梁盉成为青铜盉的流行款式。秦汉以后，盉淡出人们的日常生活，有学者认为："盉最终很有可能演变为我们现在所用的茶壶或者酒壶。"（胡洪琼：《汉字中的酒具》，人民出版社，2018年，第173页）

三　盛酒器具

青铜盛酒器具种类众多，主要有尊、觥、彝、罍、卣、壶等。

1. 尊

青铜尊盛行于商代和西周初期。在形制上，多鼓腹侈口，高颈，高圈足，有圆尊、方尊、筒形尊和鸟兽尊四种类型。圆尊在商代早中期即已出现，其他三类尊出现于商代晚期。其中，鸟兽尊又称"牺尊"，主要有鸟尊、象尊、虎尊、牛尊、马尊、豕尊、羊尊等，它们多纹饰华美，在尊的背部或头部加有尊盖。

在商周青铜礼器中，尊的地位最高，故后世将一国之君称为"至尊""尊王""尊君""尊上""尊长"等，将对方的父亲（一家之长）称为"令尊"等。由于尊的地位高，故有"尊贵""尊重"诸词。尊用于祭祀或宴饮等重要场所，以表达礼敬，故又有"尊敬""尊称""尊姓"诸词。用尊的地方，气氛庄严，故有"尊严"一词。

后世"尊"又写作"樽"，泛称酒器。周代以后，瓷尊代替青铜尊，多用于盛酒或作为宫廷陈设器。北宋中后期以后，尊逐渐丧失盛酒的实用功能，成为达官贵人室内的装饰器具。

2. 觥

觥原指用兽角制成的饮酒器，青铜觥【图6—7】为盛酒器，出现于商代晚期，沿用至西周中期，西周晚期逐渐消失。青铜觥多为椭圆形或方形器身，圈足、三足或四足，觥盖为有角兽头或长鼻上卷的象头。有些青铜觥全器做成动物状，身体为腹，四肢为足，头背为

图6-7　青铜觥

盖。由于兽形觥的装饰纹样与兽形尊、兽形卣相似，故有人常将其误认为兽形尊。二者的区别之处即在于青铜盖，"觥盖做成兽首连接兽背脊的形状，觥的流部为兽形的颈部，可用作倾酒"（胡洪琼：《汉字中的酒具》，人民出版社，2018年，第166页）。

青铜觥消失后，作为饮酒器的兽角觥仍然流行。后世觥也泛指酒杯，特别是容量较大的酒杯，如清代徐珂《清稗类钞·饮食类》"吴毂人沃人以巨觥"条称："人过其门，以巨觥沃之。能饮者去而复来，不能者至委顿乞免。"由于觥的容量较大，后世也用作罚酒器。成语"觥筹交错"，反映了觥作为酒器在宴饮上的重要作用。

3. 彝

彝有广义和狭义之分。广义的彝，是指古代祭祀时除尊之外的其他酒器，此类酒器的共同特征是有流、鋬（或提梁）、足。《周礼·春官·司尊彝》将"彝"分为六类：鸡彝、鸟彝、黄彝、虎彝、虫彝、斝彝。其中，鸡彝是指封顶的盉，鸟彝是指爵，黄彝是指觥或斚，虎彝是指虎首四足觥，虫彝是指镬斗，斝彝是指斝。"六彝"的排序，大致是由小而大，小而尊，大而卑。

图6-8　青铜方彝

狭义的彝，又称"方彝"【图6—8】，是指商周祭祀时所用的屋型方圈足大型青铜酒器，多直腹或鼓腹，器腹侧面、横截面均为长方形，四隅与腰间有扉棱，其顶盖四面起坡如屋顶，盖上有钮。有少数彝为长体有肩式，似二方彝合并，称为"偶方彝"。方彝常出土于规格很高的商周墓葬中，集中于商周统治中心的豫陕晋三省，冀鲁皖苏鄂湘等省的商周墓葬中亦出土有方彝。

4. 罍

青铜罍源于新石器时代出现的陶罍，流行于商代晚期至春秋中期，战国时期青铜罍大大减少。从商到周，青铜罍的形式逐渐由瘦高转向矮粗，繁缛的图案渐少，而变得素雅。

青铜罍有方形和圆形两种。方形罍出现于商代晚期，多为小口，斜肩，深腹，圈足，少数方形罍为平底。罍盖作斜坡式屋顶状，下腹近圈足处有穿鼻。圆形罍在商代和周代初期都有，其造型为敛口，广肩，圈足或平底。肩部两侧有两耳或四耳，耳作环形或兽首形，下腹部一侧有穿鼻。

5. 卣

卣是专门盛放祭祀所用"秬鬯"的青铜器，由早期的壶或尊发展而来，常出土于规格较高的墓葬中。在器形上，卣一般为椭圆形，口小腹大，颈微束，垂腹，圈足，有盖和提梁，便于移动。卣容易和尊、觥混淆，"有提梁的盛酒器一般称为卣；没有提梁的盛酒器习惯称为尊；有兽形盖，有流、有槽和鋬的盛酒器，称为觥"（胡洪琼：《汉字中的酒具》，人民出版社，2018 年，第 146 页）。

青铜卣【图 6—9】盛行于商和西周早期。商代的青铜卣主要流行于安阳和郑州，起初多与爵、觚、斝、罍、壶组合在一起，出现于中小型墓葬中。殷墟晚期开始，卣和尊配套经常出现于大中型墓葬中。西周早期的卣，主要流行于西安、宝鸡等关中一带。西周中期以后，中原地区的青铜卣多被青铜壶取代，湘桂皖等地区仍流行青铜卣。

图6-9　青铜卣

6. 壶

壶在外形上似卣，无提梁，多有把手。青铜壶【图6—10】是由新石器时代出现的陶壶发展而来的，流行时间较长，从商周到秦汉一直可以看到青铜壶的存在。因时代不同，青铜壶的外形也有所不同。商代的青铜壶多为扁圆形，深腹下垂，带扁方形贯耳和圈

图6-10　青铜壶

足，也有长颈鼓腹的圆壶。西周的青铜壶形体较小，多设有圈顶壶盖，盖可倒置用作杯。耳多为半环耳或兽首衔环耳。春秋时期的青铜壶多为高颈，壶腹或方形或椭圆形，壶盖上端多做成莲瓣形，也有一些在壶盖或壶身上装饰鹤、龙、螭、虎等动物。春秋时期另有一类低体鼓腹圈足壶，器体较高，多兽耳莲瓣盖。战国秦汉时期，青铜壶的器型愈发多样，有蒜头壶、弧形壶、长颈壶、扁壶、圆壶、提梁壶。

流行于商周时期的青铜酒具，器形多源于新石器时代的陶器，在商周时期多演化为礼器。爵、觚、尊、壶等少数青铜酒具，其器形在后世有所传承，但材质或发生变化，功能或发生变异。角、觯、斝、盉、觥、彝、罍、卣等大部分青铜酒具，其器形在后世虽没有得到传承，但它们所蕴含的丰富中华元素和爵、觚、尊、壶一样，同样对中华传统文化产生了深远的影响。

第二节　精工漆木

在早期的人类社会中，人们刳木为杯碗，用以喝水饮酒。纯木质的饮器易裂，不耐腐蚀。为了克服这一缺点，增加器皿的美观，人们发明了髹漆工艺，创制出包括酒器在内的各种精美漆器。就漆质酒器而言，胎体由厚木胎发展为薄木胎，由木麻结合胎发展为夹纻胎，完成了从厚重到轻巧，从易裂到坚固的完善过程。

一　纯木酒器

在初民社会中，人们常刳木为杯碗。由于木器易腐，在考古发掘中，出土的纯木质酒杯、酒碗较少，但在历史文献和民俗志中，屡有西北、东北的不少游牧民族使用木碗饮酒的记载。

党项族在西夏立国之前，生活于川西的青藏高原上，他们大量使用木制饮食器皿。"在西夏文中记录一些常用器皿用字多有'木'字旁，如碗、匙、箸、盈、盘、甀、盏、桶、罐等字，都是合成字，在合成时，都以'木'字和另一个字的一部分组合而成"（徐海荣：《中国饮食史》卷四，华夏出版社，1999年，第594页）。西夏木质器皿在考古发掘中也有发现，在甘肃武威西郊林场和南营乡的西夏墓中，分别出土有 2 只木瓶和 1 只木碗。西夏人

好酒，木瓶、木碗，特别是木盏，用作酒器的可能性很大。后世生活在西北青海地区的游牧民族，饮酒亦用木碗，清人徐珂《清稗类钞·饮食类》载："青海番族之宴会也，酒用木碗。"

东北地区的女真族，在立国之前尚处于氏族社会末期，人们平时均使用木质的饮食器具。宋代徐梦莘《三朝北盟会编》卷三载："食器无瓢陶、无匕箸，皆以木为盆……饮酒无算，只用以木杓子，自上而下循环酌之。"宋代宇文懋昭《大金国志》卷三十九《婚姻》载，金人婚宴时，"先以乌金银杯酌饮，贫者以木"。东北人用木碗饮酒的情景，在近现代亦可见到，许淇《漫天论酒》一文称："我在东北看到烧锅作坊……大功告成，劝客进一大桦木碗，自有原始的蛮力和野性在。"（夏晓虹、杨早编：《酒人酒事》，三联书店，2012年，第81页）

除边疆少数民族用木碗饮酒外，在中原内地亦可见到木质酒器的身影，唐代诗人陆龟蒙《奉和袭美酒中十咏·酒尊》诗云："黄金即为侈，白石又太拙。斫得奇树根，中如老蛟穴。时招山下叟，共酌林间月。"歌咏的即是一只用树根做成的酒尊。有些木质酒器，还成为王侯贵族之家的高档酒器。曹雪芹《红楼梦》第四十一回《栊翠庵茶品梅花雪　怡红院劫遇母蝗虫》中，刘姥姥喝酒，担心失手打了瓷杯，说："有木头的杯取个子来，我便失了手，掉了地下也无碍。"这个要求倒难不倒贾府，凤姐便命丫鬟丰儿："到前面里间屋，书架子上有十个竹根套杯取来。"贾母的大丫鬟鸳鸯想让刘姥姥多喝点酒，笑道："我知道你这十个杯还小。况且你才说是木头的，这会子又拿了竹根子的来，倒不好看。不如把我们那里的黄杨根整抠的十个大套杯拿来，灌他十下子。"贾府的这十个黄杨根大套杯，大的足似个小盆子，第十个极小的还有手里的杯子两个大。杯上"雕镂奇绝，一色山水树木人物，并有草字以及图印"。

二　木漆酒器

木漆酒器是在木胎上髹漆的酒器，它萌芽于史前时期，发展于夏商至西周，成熟于春秋战国时期，至秦汉时期发展至巅峰。

1. 木漆酒器的萌芽

中国最早的漆器为浙江余姚河姆渡遗址中出土的瓜菱形木质漆碗【图6—11】，距今已有7000年的历史。在江苏、浙江、山西等地的考古发掘中，也多有史前木质、陶质漆器的出土。在距今约7000年的江苏常州圩墩马家浜文

图6-11　瓜棱形木质漆碗

化遗址中，出土有喇叭形漆器。在距今约6000年的江苏吴江梅堰遗址中，出土有棕地黄、红两色漆绘陶壶。在距今5000年的浙江余杭安溪乡瑶山良渚文化遗址中，出土有嵌玉木质高足朱漆杯。在距今约4000年的山西襄汾陶寺墓地，出土有漆绘云雷纹壶。这些史前的漆壶、漆杯、漆碗，可能用于盛放酒水。

2. 木漆酒器的发展

夏商至西周是中国青铜酒器的时代，也是厚木胎漆酒器的初步发展时期。厚木胎的制作方法主要是斫木成型和拼合成型。斫木成型是将整块木料，用斫、凿、削、雕刻的方法制成所需的形状；拼合成型是靠打眼开榫头将各个部位拼接黏合而成。考古工作者在夏商西周遗址中，出土有不少厚木胎漆酒器。在偃师二里头夏文化遗址中，出土有朱漆觚和漆觚残骸。在距今约3500年的辽宁敖汉旗大甸子商早期古墓中，出土有两件近似觚形的朱色漆器。在北京琉璃河西周燕国墓中，出土有觚、罍、壶、杯、彝等漆酒器，其中漆

瓠、漆罍均为朱漆地、褐漆花纹。漆瓠上贴有三道金箔，"金箔表面光滑平整，与漆器胎体粘接牢固。漆瓠之上雕刻的夔龙，用磨制的绿松石贴于其上作为眼睛，使朱漆、绿松石和金箔互相映衬，显得十分艳丽"（胡伟庆：《溢彩流光——中国古代漆器巡礼》，四川教育出版社，1998年，第32页）。漆罍的盖子和器身上，也用细小的螺蚌片镶嵌出凤鸟、圆涡和饕餮的图纹。在陕西长安张家坡西周晚期的墓葬中，也出土有漆杯残片。

3.木漆酒器的成熟

春秋时期，随着周王室的衰微，笨重的青铜酒器走向没落，新兴的木漆酒器因轻便耐用、造型美观、色彩华丽，越来越受到人们的欢迎。至战国秦汉时期，木漆酒器开始取代青铜酒器，成为酒器的主流。

图6-12　荆门包山岗出土的凤鸟双联杯

在战国的木（竹）漆酒器中，南方楚国的漆器制作尤为精美，最具代表性的有湖北江陵纪南城东垣外雨台山楚墓出土的蟠蛇卮、荆门包山岗出土的凤鸟双联杯【图6—12】、随县曾侯乙墓出土的鸳鸯漆尊。

耳杯（又称"酒觞""羽觞""羽杯"）是楚墓中出土最多的漆器，约占所出土漆器总数的三分之一。楚国的耳杯有方耳杯和圆耳杯两种，其中方耳杯为楚国所独有。"从出土的耳杯实物看，战国初期的耳杯胎体厚，双耳平，耳面平齐或低于杯的口沿。为了方便饮酒的需要，耳杯的形制逐渐完善，有了一些变化：胎体渐渐变薄，内空变深、双耳上翘高于杯口。实用性应是耳杯型制不断更新和演进的根本原因"（胡伟庆：《溢彩流光——中国古代漆器巡礼》，四川教育出版社，1998年，第43—44页）。比较有名的战国楚墓漆耳杯有湖北江陵马山出土的双凤纹漆羽觞。

战国中后期，薄木胎漆器开始出现，并逐渐普及。薄木胎的制作方法主要是卷木成型，"即将长条形的薄木板两端削成斜面，弯曲卷成圆筒状，再用生漆将木板两端斜面对齐吻合粘接，然后粘圆形底板、加盖"（胡伟庆：《溢彩流光——中国古代漆器巡礼》，四川教育出版社，1998年，第9—10页）。薄木胎酒器主要有漆樽、漆卮等。为增加薄木胎酒器的牢固度，人们还将金属圈箍套合在漆器的口沿和底部边缘，逐渐发展为漆扣器。

4.木漆酒器的巅峰

秦汉时期是中国木漆酒具发展的巅峰，最能代表这一时期木漆酒具制作水平的为湖北云梦睡虎地秦墓、湖南长沙马王堆西汉墓、河北满城陵山中山靖王刘胜墓、湖北光化五座坟西汉墓出土的木漆酒具。

湖北云梦睡虎地秦墓出土的木漆酒具有耳杯、扁壶、凤形勺、卮、樽等，其中耳杯是数量最多的漆器，共378件。睡虎地秦墓出土的扁壶，高22.8厘米，由两块整木斫凿成形后黏合而成，在扁平的壶腹多绘有漆画，如其中一件扁壶底色为黑漆，两面的壶腹用红、褐漆绘画，一面绘奔马和飞雁，一面绘一头肥壮的牛。睡虎地秦墓出土的凤形勺，共有三件，以凤鸟的头颈为勺柄，凤身为勺体，圆形勺体后有扁平凤尾。凤的翅和足未雕刻出来，凤身勺体上的纹饰也十分简洁，体现出秦代漆器重视实用的造型风格。睡虎地秦墓出土的漆卮、漆樽，系用薄木片卷制成筒，再与厚木做成的

底、盖黏合而成。其中一件漆樽为银铜扣器，樽的口、腹、底箍有三道银箍，腹外安装一个圆形的铜环把手，樽底安有三个铜足，樽盖镶嵌有三个铜钮。

长沙马王堆西汉墓出土的木漆酒具有漆卮、漆画钟、漆画枋【图6—13】等。其中一件漆卮系卷木胎，有耳无盖，卮外黑内红，用红漆和褐漆在卮外壁描绘三圈云纹，器底朱书"二升"，内壁书"君幸酒"。马王堆西汉墓

图6-13 长沙马王堆西汉墓出土的漆画钟（左）、漆画枋（右）

出土的漆画钟2件，其中一件彩绘木胎漆，通高57厘米，有盖，外黑内红，用红漆和灰绿漆在钟的外壁描绘波折纹、几何纹和鸟头纹。漆的外底正中朱书"石"字，表示此钟可盛酒一石。马王堆西汉墓出土的漆画枋共4件，均为木胎，通高51.5厘米，方口，体有方棱，方圈足。器内朱漆，器外黑漆，绘朱红或灰绿花纹，器底朱书"四斗"。

中山靖王刘胜墓出土的木漆酒具有耳杯和樽，其中一件漆樽装饰华丽，盖顶有铜环钮，钮座为银质，镂刻柿蒂和动物纹样。樽的口沿、底座和盖缘饰以银扣，樽的腹部贴一周镂空的银箔花纹，樽底以造型生动的三只鎏金铜熊为足，樽腹两侧各有一鎏金的铜质衔环铺首。

湖北光化五座坟西汉墓出土两件木胎漆卮，有盖有耳，外黑内红，在黑漆地上用针刻画图案，"制作这两件漆卮的工匠并不满足于针刻纹饰单纯的色调，于是便在所有针刻的线条内填以金彩。这一创新使漆卮的纹饰产生类似于青铜器上金银错的装饰效果，耀眼夺目。它们不仅让我们看到了古人所说的'金错蜀杯'的真容，而且成为迄今发现的我国最早的'戗金'漆器"（胡伟庆：《溢彩流光——中国古代漆器巡礼》，四川教育出版社，1998年，第145—146页）。

三　纻漆酒器

纻漆酒器是在夹纻胎上髹漆的酒器，它发明于战国中期，西汉时期成为漆酒器的主流。夹纻胎是用漆灰（生漆和砖瓦灰、河沙、黄土灰或石灰的混合物）和苎麻布为原料制成的一种复合胎体。制胎的工序是：先用木头或泥土制成模具，在模具上涂一层漆灰，粘一层苎麻布，如此反复数次，待干燥后从模具上取下成形的胎体。夹纻胎漆器收缩变形小，十分轻薄，克服了木胎漆器易变形开裂的缺陷。

纻漆酒器的主要类型是卮和耳杯，制作十分精美，多是镶嵌有铜、银等金属的扣器。在考古发掘中，屡有西汉纻漆酒器的出土。在湖南长沙马王堆西汉墓中，出土有夹纻胎漆卮【图6—14】和耳杯，其中的漆卮高11厘米、口径9厘米，漆卮有盖有耳，耳和盖上的钮均是鎏金铜环，黑色的外壁上有细如游丝的针刻云气纹，云气间隐约显露两个怪兽。卮旁的纻漆耳杯，内红外黑，杯底书"君幸酒"三字。

图6-14　夹纻胎漆卮

在甘肃武威县城南郊磨咀子汉墓出土了一件夹纻胎漆耳杯，杯长 15.6 厘米，高 4.5 厘米，杯口椭圆形，平底，实圈足，双耳镶鎏金铜箍。耳杯外黑内朱，近口处以朱漆绘一周菱形纹夹圆圈纹，其他部分朱漆绘流云凤鸟纹，耳面绘朱色几何云水纹。近底座处以针刻半圈隶书款识，专家释读为："乘舆，漆汧画木黄耳一升十六勺杯。绥和元年，考工工并造。汧工丰，护臣彭，佐臣詡，啬夫臣孝主，守右丞臣元忠，守令臣丰省。""乘舆"是皇帝的代称，"黄耳"是杯的两耳为鎏金铜箍，"考工"即西汉中央政府的少府卿之属官考工令，"护""佐""啬夫"均为考工室中的官名，"守右丞""守令"是级别稍高的官名。一器之作，有这么多有人组织、督察和制作，专业化程度较高。把有关人名记于器上，是为了明确责任，保证质量，倘有差错追究起来也很方便。有学者认为，这件皇宫御用漆杯流落到边地，"很可能是作为皇帝的赏赐品而远传河西的"（杜金鹏等：《中国古代酒具》，上海文化出版社，1995 年版，第 216 页）。

磨咀子汉墓出土的这件夹纻胎漆耳杯仅仅是件"黄耳"，汉代还有比"黄耳"更高级的"银口黄耳"，即两耳为鎏金铜箍、口沿为银圈的漆耳杯。"银口黄耳"是汉代漆器的精华，代表了当时纻漆酒器制作的最高水平，其价格当然也十分昂贵。汉代桓宽《盐铁论·散不足》称"一文杯得铜杯十"，即一件彩绘漆杯的价值抵得上十件铜杯，在彩绘漆杯之上再施以"银口黄耳"，这样精美的漆耳杯是当时富贵之家钟爱的昂贵奢侈品，故《盐铁论·散不足》称："今富者银口黄耳，金罍玉钟。"在 20 世纪 80 年代以前，"银口黄耳"只是停留在文献记载上，后人并未见到实物。1981 年 5 月，在陕西兴平汉武帝茂陵东侧的一个陪葬墓中，出土了六件漆耳杯，漆耳杯的有机物胎体已腐朽，但上面的口沿银圈和铜耳还在，此耳杯正是大名鼎鼎的"银口黄耳"（杜金鹏等：《中国古代酒具》，上海文化出版社，1995年，第214页）。

除木胎、夹纻胎漆酒器外，中国古代比较精美的漆酒器还有竹胎、皮胎漆酒器。其中，竹胎漆酒器的代表是湖南长沙马王堆西汉墓出土的竹胎漆勺，勺头以筒形竹节为底，勺柄为长竹条，柄、勺用竹钉接榫相连。漆勺的外壁及底部髹黑漆，并用红漆描绘几何纹和柿蒂纹，斗内髹红漆，勺柄端浮雕一条飞腾吐舌的龙，龙身髹黑漆，鳞爪描红漆。皮胎漆酒器的代表是安徽马鞍山东吴右军师、左大司马朱然墓出土的两件犀皮漆耳杯，耳杯长9.6厘米，高2.4厘米，椭圆形口，平底，月牙形耳，耳及口沿镶鎏金铜扣。"杯身髹黑、红、黄三色漆，表面光滑，利用颜色和层次的变化，呈现出回转漩涡状花纹，有行云流水之韵，这与人工设计的图案或描绘的物像截然不同"（杜金鹏等：《中国古代酒具》，上海文化出版社，1995年，第227—228页）。

第三节　高贵金玉

　　黄金、白银是金属中的贵族。在中国古代，皇室贵族、富室豪强、巨商大贾等社会上层多用金银做酒器，以彰显其富贵。"君子爱玉"，中国社会上层有用玉的传统。"黄金有价玉无价"，各种玉石做成的酒器一向为社会上层人士所青睐。

一　金银酒器

　　先秦时期是中国古代金银酒器的滥觞时期，但在青铜酒器、漆木酒器占主流的汉代以前的社会里，金银酒器的数量一直较少。经过魏晋南北朝的缓慢发展，金银酒器在唐代迎来了发展高峰，宋元以后金银酒器在社会中依然流行。

1. 金质酒器

　　战国时期，中国已有黄金酒器。在战国初期的浙江绍兴 306 号墓葬中，考古发掘出土了一件玉耳金舟，这是迄今为止中国发现的第一件金质器皿，这件玉耳金舟是否为酒器尚不得而知。在战国早期的湖北随县曾侯乙墓中，出土有金盏及盖、金勺、金杯等 5 件黄金器皿【图 6—15】，其中金盏是已出土先秦金器中最大、最重的一件。金杯呈束腰圆桶形，平底，腹上部有两个对称的耳环。如果

图6-15　曾侯乙墓中出土的金盏（左）和金杯（右）

说金盏、金勺或兼用于食羹的话，曾侯乙墓金杯无疑为专用酒器。

秦汉魏晋南北朝时期，黄金酒器稀少。如江西南昌的西汉海昏侯刘贺墓，出土金饼、马蹄金、麟趾金、金板等 115 公斤、378 件金器，但无一件金质酒器，与此形成鲜明对比的是此墓出土有大量的漆木酒器。

隋代结束了南北对峙的局面，用黄金做酒器，在隋代渐成风气。无论是考古发掘，还是文献记载，均可见到隋代的黄金酒器。在陕西长安县（今西安市长安区）隋代李静训墓出土的酒器中，有一件高足金杯。宋代王说《唐语林》卷五载，唐初洛阳之战中，单雄信迎战李元吉，"世充召雄信告之，酌以金碗，雄信尽饮，驰马而出"。唐平定洛阳王世充的时间是唐高祖武德三年至武德四年（620—621），此金碗应为隋代承平年间所制。

大唐盛世迎来了金质酒器发展的高峰。宫廷皇族是当时黄金酒器的最大拥有者，1970 年在陕西西安南郊何家村出土的掐丝团花金杯、胡人乐伎八棱金杯【图 6—16】、佩刀剑人物八棱金杯、鸳鸯莲瓣纹金碗、双狮金铛、金酒海等酒器，为人们揭开了大唐宫廷黄金酒器的冰山一角。何家村出土文物共 1000 多件，其中金银器 270 件。这批珍贵文物的主人是唐玄宗的堂兄、邠王李守礼的儿

图6-16　掐丝团花金杯（左）和胡人乐伎八棱金杯（右）

子。"安史之乱"爆发后，潼关失陷，长安不保，邠王府仓促逃离长安之前，派人将这批珍宝埋藏于地（杜金鹏等：《中国古代酒具》，上海文化出版社，1995年，第254页）。在考古发掘中，比较有名的唐代金酒器还有1969年在陕西咸阳出土的鸳鸯莲花纹金执壶和1983年在陕西西安太乙路出土的摩羯纹金酒盏。

唐代的黄金酒器多是"掌冶署""金银作坊院"为宫廷制造的，也有周边民族进贡而来的，如唐太宗贞观十五年（641）征伐高丽，吐蕃赞普松赞干布献一件高达7尺的鹅形金酒壶。唐玄宗开元二十七年（739），吐蕃赞普献金胡瓶、金碗，金城公主别进金鸭盘、盏。除宫廷自用外，唐朝皇帝还将金酒器赏赐给宠信的大臣。五代王定保《唐摭言》卷十五《杂记》载，唐文宗时，翰林承旨学士王源中被蹴鞠击伤面额，文宗得知后，"遂赐酒两盘，每盘贮十金碗，每碗容一升许，宣令并碗赐之。"

从历史文献和考古发掘中可知，金质酒器在唐代以后的历代宫廷中仍然流行。北宋时，契丹皇帝生辰，朝廷每年都要送大量的贺礼，其中有"金酒食茶器三十七件"（[宋]叶隆礼：《契丹国志》卷二十一《宋朝贺契丹生辰礼物》）。每逢"正旦"，金国要送给南宋皇帝"金酒器六事：法碗一，盏四，盘一"（[宋]李心传：

《建炎以来朝野杂记》甲集卷三《北戎礼物》)。

据宋真宗时出使辽朝的路振记叙，辽代宴会"中有金罍……倾余酒于罍中"（[宋]路振：《乘轺录》)。辽朝皇帝有时以金酒器赏赐近臣，如应历十四年（964），穆宗"以掌鹿矧思代斡里为闸撒，赐金带、金盏"（《辽史·穆宗纪下》)。在内蒙古通辽市奈曼旗青龙山辽代陈国公主墓中，出土有小口高长颈金提梁壶。

北宋末年许亢宗出使金朝上京，在金太宗吴乞买招待使臣的"御厨宴"上，"酒器以金"（《许亢宗行程录》)。金代海陵王进攻南宋时，告诫诸军，"有敢死之人，赏以金碗一只，酌以好酒，然后进船。"（[宋]徐梦莘：《三朝北盟会编》炎兴下帙一三九)

元朝时，蒙古大汗御案前的方形匣子里，"装着一个巨大的纯金制造的瓶状容器，估计装得下很多加伦的液汁"（[意]马可·波罗口述，鲁思梯谦笔录：《马可·波罗游记》，福建科学技术出版社，1981年，第99页)。

在明神宗的定陵中，出土有金碗、金托金爵和带托金酒注。在今天的北京故宫博物院中，藏有"金瓯永固"杯【图6—17】、金錾双龙酒杯、龙纹葫芦形金执壶等清宫黄金酒器。

图6-17　"金瓯永固"杯

在民间，金质酒具则比较罕见，一般只有那些贵戚大臣、富商巨贾才拥有。以宋代为例，宰相王旦薨后，王家请大文豪欧阳修撰写碑文，"其子仲仪、谏议送金酒盘盏十副、注子二把，作润笔资"（[宋]曾慥：《高斋漫录》)。宋代王銍《默记》卷上载，宋太宗次子昭成太子元僖的侍妾张氏，欲毒杀夫人，"张预以万金令人作关掠金注子，同身两用，一着酒，一着毒酒。"南宋的官库酒肆，除了拥有大量的银质酒具外，还拥有不少金质酒具，周密《武林旧事》卷六《酒楼》载："每库设官妓数十人，各有金银酒器千两，以供饮客之用。"高档的卖笑歌馆亦是如此，《武林旧事》卷六《歌馆》载："近世目击者，惟唐安安最号富盛，凡酒器……悉以金银为之。"宋代高档色情场所开创的使用黄金酒具这一传统，至清代仍可见到，徐珂《清稗类钞·饮食类》"妓以金盏饮盛心壶"条载，布衣盛心壶工诗善画，某名妓慕名，"愿以终身许之。是夕，留髡畅饮，杯盏皆金制。"

2. 银质酒器

白银的价格比黄金要低很多，与金质酒器相比，银质酒器的数量更多，使用更广泛。

银质酒器在战国时已经出现，现藏故宫博物院的楚王银匜（又称"室客银杯"），器腹刻"楚王室客为之"，器底刻"室客十"，据铭文和器型小巧推断，此银匜"应是盛酒或倒酒的、楚王宴饮宾客的酒器"。（龚国强：《与日月同辉——中国古代金银器》，四川教育出版社，1998 年，第 45 页）日本东京细川護立氏收藏一件河南洛阳出土的"甘斿银耳杯"，此杯被推定为战国文物。（杜金鹏等：《中国古代酒具》，上海文化出版社，1995 年，第 157—158 页）

在漆木酒具流行的秦汉魏晋时期，白银多作为漆扣器"黄耳白口"的附件，纯银酒器比较少见。在秦汉魏晋考古发掘中，并无纯银酒器的出土，但在史籍中却有银酒器的记载，《三国志·吴书·甘宁传》载，折冲将军甘宁与曹魏军对阵于濡须，孙权特赐将士米酒，"宁先以银碗酌酒，自饮两碗……通酌兵各一银碗"。

南北朝时期，纯银酒器日益增多。在这一时期的考古发掘中屡有银壶、银碗（银盏）的出土，如在山西大同南郊张女坟 107 号北魏墓出土有刻花银碗，大同南郊北魏建筑遗址中出土的刻花银碗，河北赞皇东魏李希宗夫妇墓出土的波纹银碗，宁夏固原北周李贤夫妇墓中出土的鎏金银壶，广东遂溪出土的南朝后期的银碗。（龚国强：《与日月同辉——中国古代金银器》，四川教育出版社，1998 年，第 84 页）

　　唐代是中国银质酒器使用的鼎盛时期，宫廷皇族是银质酒器的最大拥有者。宫廷的银酒器一部分是自己生产的，如陕西西安西郊鱼化寨南二府庄出土的宣徽酒坊银酒注和陕西耀县（今铜川市耀州区）背阴村出土的宣徽酒坊银酒盏，均为唐代宫廷宣徽院制造的银酒器，"根据酒注有铭文'地字号银酒注'、酒盏铭文有'宇字号'来看，唐代宣徽酒坊的金银酒器是按照《千字文》'天地玄黄，宇宙洪荒'的顺序编排号码，显示出唐宣徽酒坊拥有酒器的数量相当可观"（杜金鹏等：《中国古代酒具》，上海文化出版社，1995 年，第 292 页）。还有一部分宫廷银酒器是各地贡献而来的，如唐文宗太和元年（827），淮南节度使王播"进大小银碗三千四百枚"（《旧唐书·王播传》）。

　　除自用外，皇帝还将银酒器赏赐给臣下。段成式《酉阳杂俎》卷一《忠志》载，唐玄宗曾赏赐给安禄山银平脱破觚、八斗金镀银酒瓮、银瓶等酒器。在西安何家村出土的金银器中，比较有名的银酒器有舞马衔杯银壶【图6—18】、金花带流银碗、金花鸳鸯银羽觞、仕女狩猎纹八瓣银杯等，这些属于邠王李守礼的银酒器极有可能是唐玄宗的赏赐之物。

图6-18　舞马衔杯银壶

图6-19　《论语》酒令银筹及银筒

唐代的民间富绅也拥有大量的银质酒器，这可从唐代考古发掘得到证实，如在江苏丹徒丁卯桥出土有唐代银酒瓮、银酒海、《论语》酒令银筹、银旗、银纛及银筒【图6—19】，在西安东南郊沙坡村出土有唐狩猎纹高足银杯、花鸟纹高足银杯，在内蒙古喀喇沁旗哈达沟门出土有唐代鎏金双鱼银壶，在内蒙古敖汉旗李家营子村出土有鎏金银壶、小银壶、银勺、椭圆形银杯。美国华盛顿弗利尔美术馆珍藏有唐代折枝花八瓣银勺、百鸟朝凤纹蚌形银杯。

宋辽金时期，银质酒器的使用范围更广。宋代宫廷拥有大量银酒器，这些银酒器还充当邦国之间重要的贺礼，如北宋送给契丹皇帝的生辰贺礼中，“金花银器三十件，银器二十件”；新年正旦，“则遗以金花银器、白银器各三十件”（［宋］叶隆礼：《契丹国志》卷二十一《宋朝贺契丹生辰礼物》）。宋金议和后，每逢金朝皇帝生辰、新年正旦，南宋都要给金朝送大量的贺礼，其中“银酒器万两”（［宋］李心传：《建炎以来朝野杂记》甲集卷三《北戎礼物》）。

在考古发掘中，宋辽金时期的银质酒器出土地点十分广泛，从一个侧面证实了这一时期银质酒器使用较广。比较有名的宋代银质酒器有：福建邵武故县村出土的鎏金八角银杯，福建福州西郊茶园山南宋墓出土的鎏金银酒注、酒盏，河北定县六号塔基出土的缠龙银瓶、江苏溧阳平桥出土的蟠桃鎏金银盏，四川德阳孝泉出土的银瓶等。比较有名的辽代银质酒器有：内蒙古赤峰出土的鎏金鸡冠银壶，内蒙古哲里木盟（今通辽市）奈曼旗陈国公主墓出土的银执壶、银盏托，内蒙古昭乌达盟马林右旗出土的八棱錾花银酒注、温碗等。

银质酒器还在北宋东京、南宋临安的酒肆中广泛使用，这在文献中多有记载。孟元老《东京梦华录》卷四《会仙酒楼》载："凡酒店中，不问何人，止两人对坐饮酒，亦须用注碗一副、盘盏两副、果菜碟各五片、水菜碗三五只，即银近百两矣。"《东京梦华录》卷五《民俗》载："其正酒店户，见脚店三两次打酒，便敢借与三五百两银器。以至贫下人家，就店呼酒，亦用银器供送。有连夜饮者，次日取之。诸妓馆只就店呼酒而已，银器供送，亦复如是。"不仅北宋东京如此，宋室南迁后，南宋临安亦是这样。吴自牧《梦梁录》卷一六《酒肆》载："且杭都如康、沈、施厨等酒楼店，及荐桥丰禾坊王家酒店、暗门外郑厨分茶酒肆，俱用全桌银器皿沽卖，更有碗头店一二处，亦有银台碗沽卖，于他郡却无之。"周密《武林旧事》卷六《酒楼》载："熙春楼、三元楼、五间楼……每楼各分小阁十余，酒器悉用银，以竞华侈。"银质酒器之所以在店肆中被广为使用，一方面，银质酒器能提高饮食店肆的规格档次，使其显得雍容华贵；另一方面，银质酒器遇毒则变色，有检验毒酒的功能，使饮酒之人在店肆饮酒更有安全感。后世草原上的蒙古人也有用银碗敬客的习俗。

元代以后，酒肆大量使用银质酒器的风俗消失。宫廷皇室仍是银质酒器的主要拥有者，如元代的宣徽酒坊曾造银酒瓶代替陶瓷酒瓶（《元史·别儿怯不花传》），在明神宗定陵中出土有银提梁壶，在湖北圻春明代荆端王次妃刘氏墓中出土有花耳银酒盅，在北京故宫博物院藏有清代錾花银提梁壶等银质酒器。在民间，不少私人也拥

图6-20 银龙槎

有一些银酒具，如元代银匠朱碧山曾为自己制作了一件银龙槎【图6—20】。在北京海淀区八里庄明代武清侯李伟夫妇合葬墓中，出土有錾花错金银执壶、盘盏。在湖南通道侗族自治县，出土有蟠桃银杯7件、仿古银爵、银斝等，这些银质酒具是南明隆武二年（1646）、永历元年（1647）广西靖州知州党哲生辰时，众门生为其祝寿所献的。

二　玉石玻璃

玉石翡翠、水晶玛瑙，这些精美的石头一向被人们视为珍宝，用它们做成的酒器更是被宫廷皇族、达官贵人等社会上层人士所青睐。由于使用者地位显赫，大多数玉石酒器选料考究，制作也格外精美。今天，人们见惯了各种玻璃酒器，它们数量庞大，价格便宜。但在中国古代，玻璃酒器数量极少，一向被人们视为价同金玉的"宝器"。

1. 玉石酒器

中国人好玉，新石器时代初期玉器已经出现在中国人的生活中，但用玉做酒器的历史相对较晚。《礼记·曲礼上》云："饮玉爵者弗挥。"说明先秦时期人们已将玉做成酒器了。但在考古发掘中，迄今尚未发现先秦时期的玉酒器。

中国的玉酒器，"自汉代开始逐步发展，并在汉代创造了第一个高峰"（杜金鹏等：《中国古代酒具》，上海文化出版社，1995年，第395页）。汉代玉酒器的主要类型为玉卮和玉杯。卮是汉代非常流行的饮酒器，在鸿门宴上，项羽赐给樊哙酒，用的便是卮。卮有大有小，小的可容"二升"（约今400毫升），最大的卮可容一斗，称为"斗卮"。玉卮容量较小，广州西汉前期第二代南越国王赵眜墓出土的鎏金铜框玉卮【图6—21】，通高14厘米，口径8.6厘米。北京故宫博物院收藏的东汉夔凤玉卮容量还要更小一些，通高12.3厘米，口径6.9厘米。汉初，一次刘邦与家人在宫中饮酒，"上奉玉卮为太上皇寿"（《汉书·高祖纪》）。汉代"寿"酒，一般要饮尽。刘邦用玉卮"为寿"，不可能让自己的老父亲喝"高"，这从一个侧面说明了玉卮的容量并不太大。

在广州南越王赵眜墓中，还出土有角形青玉杯【图6—22】、承盘高足青玉杯、鎏金铜框高足酒杯等玉酒器。其中，角形青玉杯

图6-21　鎏金铜框玉卮

图6-22　角形青玉杯

的外形仿犀角，杯口呈椭圆形，口径 5.8—6.7 厘米，通长 18.4，重约 0.33 千克。杯身装饰一条夔龙，由浅浮雕逐渐转为高浮雕，从口部到底部回环缠于杯身。承盘高足青玉杯由两块青玉雕成杯身、杯足，通高 11.75 厘米。杯身为一圆筒形的平底杯，腹瘦深，口微侈，口径 4.15 厘米。杯足形似喇叭，中体圆隆似竹节，雕刻覆莲纹，与杯身通过竹制榫钉，串联在一起。鎏金铜框高足酒杯的形状与承盘高足青玉杯相似，是在鎏金铜框架上镶嵌玉片制成的。

圆筒形玉杯在后世仍可见到，如在河南洛阳出土的曹魏时期的白玉酒杯，下有短柄足，杯高 13 厘米，口径 5 厘米。此杯，通体光素无花纹，"器形非常规整，抛光细腻，洁净脂润，富具汉代遗风"（杜金鹏等：《中国古代酒具》，上海文化出版社，1995 年，第 227 页）。西安隋代李静训墓出土的金扣白玉杯亦为圆筒形玉杯，此杯口径5.6 厘米，杯高 4.1 厘米。与汉魏时期出土的长圆筒形玉杯相比较，此杯的杯身较短。

图6-23　青玉耳杯

两汉魏晋南北朝时期，最为流行的不是圆筒形酒杯，而是椭圆形的耳杯。在江西南昌西汉海昏侯墓出土有玉耳杯。在安徽芜湖，曾出土一件六朝时期的青玉耳杯【图6—23】，此杯高 4.7 厘米，口径9.8—17 厘米。隋唐以后，耳杯不再流行，这种变化在玉酒器中也有体现。北京故宫博物院还收藏一件唐代的"逸士酣饮图青玉杯"，此杯"杯口呈椭圆形，圜底，形近耳杯而无耳，很显然它是由耳杯向无耳圆形杯演化的过渡型"（杜金鹏等：《中国古代酒具》，上海文化出版社，1995年，第309页）。

唐代是玉酒器的使用高潮，其中玉碗（玉盏、玉杯）尤其受到人们的欢迎，这在唐诗中屡有反映，如李白《客中行》云："兰陵美酒郁金香，玉碗盛来琥珀光。"张祜《戏简朱坛》云："昔人有玉碗，击之千里鸣。今日睹斯文，碗有当时声。"在唐代考古中亦有玉碗出土，如西安南郊何家庄出土唐代文物中，就有一件八瓣莲花白玉碗。玉碗在后世也较常见，如辽代陈国公主墓曾出土有玉碗、北京故宫博物院收藏有宋代龙把白玉碗。

两宋时期，玉酒器在社会上层中十分流行。王岩叟《韩魏公遗事》载，北宋大臣韩琦驻守大名时，有人献玉盏两件，韩琦酬之白银百两。辽朝帝后尤其喜好用玉器饮酒，王钦臣《王氏谈录》"北虏风俗"条称："昔使契丹，戎主觞客，悉以玉杯，其精妙，殆未尝见也。"宋真宗大中祥符元年（1008），出使辽国的路振有幸亲历辽朝帝后用玉器宴饮的情景，"俄而隆庆先进酒，酌以玉瓘、玉盏……瓘盏皆有屈指"，"以余官进酒，但用小玉卮，盖尊其国母故也"，"酒十数行，国母三劝汉使酒，酌以大玉斝……胡服官一人，先以光小玉杯酌酒以献国母，名曰'上寿'。"（［宋］路振：《乘轺录》）

元明清三代，玉酒器在宫廷贵族中仍受到欢迎。如元世祖忽必烈时，用一块黑质白章的大玉石雕制了可贮酒三十余石的"渎山大玉海"。在明神宗万历皇帝的定陵中，出土有鎏金银托双耳玉杯、金托玉爵、金托玉酒注等玉酒具。清代皇帝也十分喜爱用玉器饮酒，"正月十五筵宴王公大臣，皇帝饮酒用白玉酒杯、白玉酒壶，并用白玉酒杯赏众人酒"（姚伟钧、刘朴兵：《清宫饮食养生秘籍》，中国书店，2007年，第226—227页）。在北京故宫博物院珍

藏的著名清宫玉酒器就有清初双童耳玉杯、乾隆龙纹玉觥、雍正双耳玉杯、青玉爵杯等。

　　玛瑙、水晶等宝石做成的酒器民间罕得一见，更是王公贵族的奢侈品。目前，人们能够见到的中国古代著名的玛瑙、水晶酒器有西安何家村出土的唐代镶金牛首玛瑙杯、内蒙古哲里木盟（今通辽市）奈曼旗辽代陈国公主墓出土的玛瑙盅和四瓣水晶耳杯等。

　　2. 玻璃酒器

　　玻璃在中国古代又称"颇璃""颇黎""颇梨""琉璃""流离"，近世又称"做料"。和金银、玉石酒具一样，玻璃酒具在中国古代亦是富贵的象征，只有王公贵族、达官贵人等社会上层宴饮时才使用。

　　中国制造、使用玻璃的历史可上溯到西周时期，春秋战国时期是中国自制玻璃的成熟期，但所制多为小件装饰品，在考古发掘中尚未出土有玻璃容器。

图6-24　玻璃耳杯

　　中国最早的玻璃酒器大约出现在西汉时期。在河北满城西汉中山靖王刘胜墓中，出土有两件翠绿半透明的玻璃耳杯【图6—24】，形状与西汉漆、铜耳杯无异，椭圆口，窄长耳，平底。这两件玻璃耳杯，采用模铸成型，"是目前所知我国最早的自产玻璃酒器"(杜金鹏等：《中国古代酒具》，上海文化出版社，1995年，第221页)。魏晋时期，中国岭南地区仍有模铸玻璃杯碗者，东晋葛洪《抱朴子·论仙》载："外国作水晶碗，实是合百灰以作之。今交广间多有得其法而铸作之者。"文中的"水晶碗"即玻璃杯碗，"交广"即岭南的交趾（今越南北部)、广州。由于模铸玻璃器皿技术落后，产品质量不高，后世逐渐被淘汰。

西汉张骞通西域后，西方的玻璃器皿通过丝绸之路传入中土。与中国原始的模铸技术不同，西方的玻璃器皿采用无模吹制技术，所制器皿晶莹透明，深受人们喜爱。由于不远万里从外国输入，玻璃酒器的数量在中国古代极其稀少，价格也十分昂贵，一直被视为价同金玉的"宝器"。南朝刘义庆编《世说新语》卷下《排调》载："王公与朝士共饮酒，举琉璃碗谓伯仁曰：'此碗腹殊空，谓之宝器，何邪?'答曰：'此碗英英，诚为清澈，所以为贵耳!'"宋人李光《庄简集》卷六《玻璃碗序》云："仆之谪居澄江也，吴元预适寓江东，时时往来。忽一日告别，仍以玻璃见赠，意则厚矣……何用是宝器哉! 因戏成小诗，复还其碗。"诗曰："兴来不假玻璃碗，自有随身老瓦盆。"辽代的契丹人曾远征西域，控制丝绸之路要冲，西方的不少玻璃器皿输入辽朝，王公贵族十分喜爱玻璃酒器，据北宋路振《乘轺录》载："大阉具馔，盏斝皆颇璃、黄金扣器。"

在汉代以后的考古发掘中，多有西方玻璃酒器出土，最著名者为辽宁北票市十六国时期北燕国冯素弗夫妇墓出土的鸟形玻璃酒注和内蒙古通辽市奈曼旗辽代陈国公主墓出土的带把玻璃杯【图6—25】。其中，鸟形玻璃酒注呈浅绿色，质薄透明，它不借助任何模具，是自由吹制而成的，"其造型和制法与公元1—2世纪地中海地区流行的一种鸟形玻

图6-25　辽代陈国公主墓出土的带把玻璃杯

璃器相似……学者认为这组玻璃器是由西方输入的罗马产品"（杜金鹏等：《中国古代酒具》，上海文化出版社，1995年，第247页）。带把玻璃杯带有浓郁的西亚、中亚色彩，尤其是上部的扳手，是中古时期的西亚、中亚玻璃器的特征之一，此杯"应产于伊朗高原，后通过丝绸之路传到中国"（杜金鹏等：《中国古代酒具》，上海文化出版社，1995年，第339页）。

　　总的来说，至近代中国掌握吹制玻璃技术以前，玻璃酒器因稀少而贵重，是中国古代酒器的陪衬者。近代以来，随着中国玻璃产业的迅速发展，玻璃逐渐成为廉价的日用商品，玻璃酒瓶和酒杯因为透明便于观察酒色，受到人们的喜爱，玻璃酒器进入大众普及时代。今天，人们喝白酒时玻璃酒盅几乎全部代替了传统的瓷酒盅，高脚玻璃杯则是人们喝葡萄酒的标准饮酒器，而直筒杯或带把玻璃杯则是人们喝啤酒时的最爱。

第四节　日常陶瓷

陶瓷酒器是庶民大众使用最多的酒器，也是出现最早、使用最广泛的酒器，其器型也最为丰富，大多数青铜酒器是在史前陶质酒器的影响下产生的，各种漆木酒器、金银玉石酒器都可在陶瓷酒器中找到原型。

一　陶质酒器

陶质酒器伴随着酿酒的发明而产生，从新石器时代一直流行到商代。商代以后，陶质酒器退居到次要地位，但始终未曾绝迹。陶质酒器的主要器型有鬶、盉、杯、壶、瓶、罍、爵、觚、尊等。

鬶可烧水煮饭，亦可温酒煮酒，是炊、酒两用器。陶鬶创始于5000多年前的新石器时代，源于山东大汶口文化，龙山文化时期在黄河、长江流域广为传播，夏末商初陶鬶在中原地区基本消失。早期的陶鬶多红色，如山东泰安大汶口遗址出土的猪形夹砂红陶鬶；晚期的陶鬶多白色，如河南偃师二里头遗址出土的白陶鬶。陶鬶多颜色艳丽，造型优美，一些陶鬶还塑造成猪、狗、鸡等动物形状，如山东潍坊姚官庄龙山文化遗址出土的鸡形白陶鬶。夏末商初，陶鬶在中原消失时，却在塞北草原神秘地出现了。在内蒙古敖

汉旗大甸子墓地 677 号墓中，出土有红山文化的泥条篦点纹陶鬶。考古专家认为，“塞外发现的陶鬶，其文化渊源应在中原腹地”（杜金鹏等：《中国古代酒具》，上海文化出版社，1995 年，第 38 页）。

陶盉是由陶鬶演化而来的，二者的区别在于：鬶为敞口，槽状流；盉的顶部封闭，顶盖的前端有管状流。后来，盉多设有半月形或元宝状的口，口上附盖。陶盉创制于夏代以前，流行于夏代至商代早期。夏代的陶盉有红、白、深灰、黑色等几种颜色，商代的陶盉以浅灰色为主。在考古发掘中，比较有代表性的陶盉有河南偃师二里头遗址的白陶盉、四川广汉三星堆遗址的灰陶盉、甘肃临夏出土的红陶盉等。陶盉的消失，在中原地区约在商代中期，在长江上游则可能至商代晚期。

陶杯的外形差异较大，以考古出土的彩陶杯为例，在重庆大溪遗址出土有距今 6000—5300 年的彩陶筒形杯，在湖北京山屈家岭遗址出土有距今 5000—4600 年的蛋壶彩陶杯，在甘肃永昌鸳鸯池出土有距今 4400—4000 年的彩陶单柄杯。最为人们所赞赏的是山东大汶口文化遗址出土的高柄陶杯，器表黑亮如漆，杯壁薄如蛋壳，是难得的艺术珍品。蛋壳高柄黑陶杯流行的时间为距今 5000多年到夏代早期。

陶壶可盛水，可盛酒，是酒水两用器。陶壶的颜色、器形多样。在考古发掘中，比较有名的陶壶有陕西宝鸡北首岭遗址出土的水鸟啄鱼蒜头壶、船形彩陶壶，山东泰安大汶口遗址出土的彩陶背壶，上海青浦福泉山出土的蟠螭禽鸟纹双鼻灰陶壶、禽鸟纹宽鋬黑陶壶、内蒙古翁牛特旗大南沟石棚山墓地出土的鸮形陶壶、广州东汉墓出土的陶瓠壶等。

陶瓶的作用类似于陶壶，颜色、器形亦多样。在考古发掘中，比较有名的陶瓶有陕西临潼姜寨遗址出土的鱼鸟纹葫芦瓶，浙江嘉兴大坟口遗址出土的人首灰陶瓶，甘肃秦安大地湾遗址出土的人头口彩陶瓶，甘肃甘谷县西坪遗址出土的鲵鱼纹彩陶瓶等。现代酒亦有用陶瓶盛装的，如河南仰韶"彩陶坊"系列酒、泸州老窖紫砂陶装酒等。

陶罍为盛酒之器，在功能和形制上类似陶瓶，多小口鼓腹。在内蒙古敖汉旗大甸子墓地 677 号墓中，出土了一件红山文化时期的彩绘灰陶罍。商代以后，陶罍被青铜罍、漆罍、瓷罍所取代。

陶爵主要流行于夏商时期，是当时人们日常生活中最常用的酒器。厚胎的夹砂陶爵，既可饮酒，又可温酒；薄胎的无砂陶爵，则为专用的饮酒器具。青铜爵出现后，逐渐取代了陶爵。"约从公元前 1300 年开始，陶爵失去了实用价值而转化为冥器（死人随葬品），直到商周之际才绝迹"（杜金鹏等：《中国古代酒具》，上海文化出版社，1995 年，第 31 页）。

陶觚可饮水，可饮酒，最早为酒水两用器。陶觚出现于 5000 多年前的新石器时代中期，一直流行到商代晚期。青铜器兴起后，陶觚被青铜觚所取代。

陶尊用于盛酒。在距今 4500 年左右的大汶口文化晚期的大墓中，多发现有硕大厚重的尖底大口陶尊。一般一墓随葬一件，也有随葬两件的，陶尊上多刻有神秘的符号。凡随葬大口陶尊的墓葬，都同时随葬有丰富的其他酒具，这说明大口陶尊为盛酒器。陶尊后世亦有出土，如河北满城西汉中山靖王刘胜墓曾出土 16 件方形陶酒尊。由于后世酒缸多为陶制，也有人将此类酒器称为"酒缸"的。

陶质酒具还有瓴、滤酒器、钵、碗形豆、提筒等，如安阳殷墟出土的雕纹白陶瓴、浙江余杭吴家埠良渚文化遗址出土的漏斗形流

滤酒器、临潼姜寨仰韶文化遗址出土的波浪纹彩陶钵、上海青浦松泽遗址出土的彩绘碗形豆、广东东汉墓出土的"兴寿陶提筒"等。

二 瓷质酒器

中国是瓷器的故乡，最早的瓷器为酒器。在河南郑州商城遗址出土的商代中期的原始青瓷尊是迄今为止中国最早的瓷器，在山东滕州晚商墓葬中还出土一件原始青瓷罍。但在青铜酒器、漆酒器流行的商周秦汉时期，瓷质酒器总体上是比较珍稀的。东汉末年，青瓷烧造技术逐渐成熟，瓷质酒器遂大兴于世，直至今日。

1. 魏晋隋唐的瓷质酒器

魏晋南北朝时期，青瓷酒器一枝独秀。隋唐以后，除青瓷酒器外，白瓷酒器也大放异彩。这一时期的瓷质酒器，主要有尊、壶、杯盏等。

唐代以前，尊、勺、杯构成了一套完整的酒器，其中尊盛酒，勺斟酒，杯饮酒。因此，在唐代以前，饮酒不可无尊。这一时期的瓷尊，南北均有出土，它们硕大伟壮，气派非凡，代表性的瓷尊有江苏宜兴西晋墓出土的神兽青瓷尊和南京萧梁大墓、河北景县北朝封氏墓出土的青瓷莲花尊等。

瓷壶可盛酒，亦可斟酒，这一时期的瓷壶主要有鸡首壶、扁壶、执壶三大类型。其中，鸡首壶在汉代名"罂"，其前身是盘口双系壶，后世因壶嘴装饰有鸡头雕塑而得名。鸡首瓷壶创制于三国时期，在南方越窑首先烧制。两晋时期，鸡首壶盛行于南方广大地区。西晋鸡首壶的突出特点是容量较小，造型简单，鸡头为纯装饰品，不通壶腹，代表性瓷壶为江苏南京西晋墓出土的鹰饰青瓷盘口壶。东晋鸡首壶的盘口较小，细颈，壶腹饱满，前肩安鸡头，有的鸡头呈空心状，通壶腹而成流嘴。后肩装弧形执柄，柄接壶口，左右肩部往往还有双系钮，代表瓷壶为浙江德清出土的黑釉鸡首壶。南北朝的鸡首壶变得挺拔高大，流行龙形执柄。隋代的鸡首壶以壶体修长俏丽、鸡头雕塑逼真而著称，代表瓷壶为陕西西安李静训墓出土的白瓷鸡首壶、河南新乡博物馆藏隋代管圈腹青瓷鸡首壶。"入唐以后，鸡首壶便被酒注子（瓷执壶）所取代"（杜金鹏等：《中国古代酒具》，上海文化出版社，1995年，第241页）。

瓷扁壶，多细颈，小圆口，扁腹，系钮或环耳。扁壶装酒塞口后，便于系挂携带，尤其适于人们出门在马背、驼峰上使用。瓷扁壶无论在南方，还是北方，均有出土。这一时期比较有名的瓷扁壶有江苏金坛出土的西晋鼠耳青瓷扁壶、江苏南京西晋墓出土的六系青瓷扁壶、河南安阳北齐凉州刺史范粹墓出土的"胡腾舞图"瓷扁壶、山西太原出土的唐代胡人驯兽青瓷扁壶、江苏连云港出土的唐代牡丹三彩扁壶等。

执壶是在鸡首壶的基础上发展而来的，因有执柄而得名。因执柄在壶的一侧，唐人又名之曰"偏提"。执壶可以代替酒勺斟注酒水，故后人又称为"酒注子"。唐代中后期出现的瓷酒注，开创一代新风，打破了以往尊、勺、杯三位一体的酒器体系，饮酒只要酒注和酒杯即可。唐代的执壶，一般为大盘口、短颈、鼓腹，注嘴较短，显得肥矮古拙。比较有名的唐代执壶有故宫博物院藏凤首龙柄青瓷壶、浙江宁波出土的绿彩鹿纹瓷壶、江苏扬州唐城出土的绿釉瓷执壶、黄釉绿彩龙首壶等。

魏晋时期，饮酒器多为耳杯，这在瓷质酒器上亦有反映。浙江上虞东吴墓出土的飞鸽青瓷杯，杯体呈圆钵状，前后堆塑的鸽头和鸽尾在功能上恰如耳杯的左右耳柄。南北朝至隋唐时期，碗盏取代耳杯成为主流的饮酒器。碗盏的外形，多口唇不卷，底卷而浅，容

量在半升以内。在瓷盏的颜色上，有青、白、黄、褐等色，分别以越州（今浙江绍兴）、邢州（今河北邢台）、寿州（今安徽寿县）、洪州（今江西南昌）为代表。越州青瓷盏尤其受到时人的推崇，其代表为河北赞皇北齐李希宗墓出土的青瓷酒盏。

2. 宋元时期的瓷质酒器

宋元时期，在中原农耕区，瓷质酒器主要有盛酒的经瓶、斟酒的酒注（酒壶）、温酒的注碗和饮酒的酒盏。在契丹、党项、蒙古等游牧民族，则流行方便携带的扁壶、鸡冠壶。

经瓶是宋代开始出现的酒瓶，它的样式一般为小口、细短颈、丰肩、修腹、平底，高约40厘米，整个瓶形显得很修长，由于南北为经，经可以训为修长，因此当时的人们把这种身形修长的酒瓶称之为"经瓶"。在考古发掘中常有宋代经瓶出土，最著名的有上海博物馆藏的北宋登封窑"醉翁图经瓶"【图6—26】和宋代磁州

图6-26 醉翁图经瓶

窑"清沽美酒经瓶"、金代磁州窑"缠枝牡丹经瓶"等。经瓶因其轻便而在酒的运输、销售中被大量使用。北宋时，京师开封是当时各种瓶装名酒的聚集之地，经瓶又被人们称为"京瓶"。袁文《瓮牖闲评》卷六云："今人盛酒大瓶谓之京瓶，乃用京师'京'字，意谓此瓶出京师，误也。'京'字当用经籍之'经'字。"随着时间的推移，经瓶也在发生着变化，为了更利于装酒而不使酒泼出来，瓶的口部变小，并且加上了瓶盖，瓶的肩部变得宽广，腹部变得瘦削，整个瓶形呈橄榄状，如河北

保定元代窖藏坑出土的青花"梅瓶"。元代时，还出现了侈口、细长颈、圈足鼓腹的"玉壶春瓶"，其作用类似于前代的酒瓠。

酒注在唐代中后期出现后，广为流行，其形状也变得多姿多彩。宋代的酒注，注身较高，注嘴和注柄均长，酒注多显得洒脱、轻盈、别致。宋金时期，人们已广泛认识到注碗温酒的诸多优点，注碗广为流行，取代了酒铛成为主要的温酒器。在出土的宋代文物中，往往把酒注置于注碗之中。如安徽宿松北宋墓出土的影青瓷酒注和注碗、北京西郊辽韩佚墓出土的越窑青瓷酒注和注碗。元代时，葡萄酒、蒸馏烧酒、马奶酒十分流行，饮用这些酒均不需加热，用注碗温酒之风日趋衰落。在考古发掘中，元代出土的许多酒注并没有配注碗，如河北保定元代窖藏坑出土的青花酒注。

前代的瓷扁壶，仍受到党项、蒙古等游牧民族的喜爱。宁夏海原县文化馆珍藏的西夏四系瓷扁壶和北京旧鼓楼大街出土的青花凤鸟瓷扁壶，是这一时期瓷扁壶的代表。由皮囊壶发展而来的瓷鸡冠壶在契丹族中广为使用，代表酒器是内蒙古赤峰文物工作站收藏的辽代黄釉龙把鸡冠壶。不易洒酒的倒装壶，在辽代契丹人中也比较流行，在巴林左旗太平庄、翁牛特旗巴兰地村的辽代墓中均发现有倒装壶。辽宁省博物馆收藏的鸡形倒装鸡冠壶，"是由契丹牧民的皮囊壶演变而来"（杜金鹏等：《中国古代酒具》，上海文化出版社，1995 年，第 332 页）。

酒盏亦称酒杯，是宋元时期人们最普遍的饮酒器具。北宋时期的酒盏和茶盏在形制上基本相同。在出土的一些北宋圆足瓷盏中，形制虽然相同，但有的盏心印"酒"字，有的盏心却印"茶"字。宋元时的酒盏往往与盏托相配。这是由于当时的人们有温酒的习惯，喝的是热酒，而酒盏又无可供把持的柄、耳、足，很容

易烫手，所以需要有一个承托物，这个承托物即是盏托。当时的盏托有两种：一是酒台，二是酒盘。酒台与酒盏相配谓之"台盏"，酒盘与酒盏相配谓之"盘盏"，如河北保定元代窖藏坑出土的白瓷酒盏和托盘，组成一套"盘盏"。除酒盏外，元代的瓷质饮酒器还有其他类型，如河北定县静志寺北宋塔基出土的定窑白瓷螺形杯、浙江龙泉出土的宋代青瓷酒船、浙江杭州出土的元代蓝釉金彩爵、江西高安出土的元代青花诗文菊花高足瓷杯、釉里红彩斑高足转杯等。

3. 明清以来的瓷质酒器

明清以来，瓷质酒器空前普及，是社会上数量最多、类型最全、使用最广的酒器。这一时期，随着制瓷工艺的进一步提高，瓷质酒器的质量日臻完善。明代的瓷质酒器以青花、斗彩和祭红瓷酒器最有特色，清代的瓷质酒器则以青花、珐琅彩、素三彩瓷酒器为主。受酒的度数提高的影响，明清酒器越来越小巧，多数瓷质酒器显得轻盈精致。明清以来瓷质酒器的种类，主要有酒缸、酒坛、酒瓶、执壶、酒盏、酒杯、酒盅等。

酒缸、酒坛、酒瓶为盛酒器。酒缸容量最大，可容酒数百斤，多用于酿酒作坊和售酒店肆。近代以来，北京有下层酒店名"大酒缸"者，"贮酒用缸，缸有大缸二缸、净底不净底的分别。缸上盖以朱红缸盖，即以代替桌子……老北京人认为在大酒缸喝酒，如不据缸而饮，便减了几分兴致"（金受申：《饮酒》，载夏晓虹、杨早编《酒人酒事》，三联书店，2012年，第100页）。

酒坛容量适中，用于黄酒的陈化和运输。周作人称，"平常酒坛是五十斤装，花雕则是一百斤"（周作人原著，钟叔河选编：《知堂谈吃》，山东画报出版社，2005年，第179页）。天津文物公司曾收购一件明万历十六年（1588）造的磁州窑大酒坛，"经实测约可盛水 100 斤"（杜金鹏等：《中国古代酒具》，上海文化出版社，1995 年，第 369 页）。还有更大的酒坛，清代度支部司官傅梦岩称："他家窖藏就有一坛一百五十斤装，是明朝泰昌年间，由绍兴府进呈的御用特制贡酒。"（唐鲁孙：《谈酒》，载夏晓虹、杨早编《酒人酒事》，三联书店，2012 年，第 90—91 页）小酒坛可容酒一二十斤，如晚清、民国时期销往北京、广东的绍兴酒，分别用十斤、二十斤装的酒坛。为了防止酒气外溢，酒坛装酒后多用胶泥封固。

酒瓶容量最小，大的能容酒三五斤，小的只能容酒一二斤。宋代的"经瓶"在明代仍然流行，在明代考古发掘中屡有"梅瓶"出土，如定陵出土的万历御用青花梅瓶、南京江宁黔宁王沐英墓出土的青花梅瓶等。不过，明代时"梅瓶"日益丧失盛酒功能，成为居家的装饰品。现代的一些高档白酒、黄酒，如茅台酒、老白汾酒、古越龙山黄酒、即墨老酒等仍多用瓷瓶灌装。

执壶为斟酒器。明清以来，北方流行饮用蒸馏白酒，饮用白酒不需要加热。南方广大地区，特别是江浙一带，仍然流行饮用传统黄酒，但温酒多用专门的"窜筒"。明清以来温酒的注碗彻底消失，使执壶在外形设计上更加自由，执壶的种类繁多。瓷执壶因为价廉易得，在民间应用极广，几乎是家庭和酒肆的必备之物。在考古发掘中，亦出土有瓷执壶的，如陕西铜川市耀州区出土的明嘉靖景德镇生产的描金孔雀牡丹纹执壶。

酒盏是一种特制的酒碗，它脚高而碗浅，是传统的饮酒器。民国年间，人们饮用黄酒时，仍有使用酒盏的传统。曹聚仁《鉴湖、绍兴老酒》一文称："在绍兴喝酒的，多用浅浅的碗，大大的碗

口，一种粗黄的料子，跟暗黄的酒，石青的酒壶，显得那么调和。"
（夏晓虹、杨早编：《酒人酒事》，三联书店，2012年，第117页）
在北京的"大酒缸"，"以前卖碗酒，用的都是黑皮子马蹄碗"
（金受申：《饮酒》，载夏晓虹、杨早编《酒人酒事》，三联书店，
2012年，第103页），这种"黑皮子马蹄碗"即是酒盏。

与传统的酒盏相比，各种瓷质酒杯更为流行。这一时期的酒
杯可分高脚、低脚两类，以北京故宫博物院所藏明清瓷杯精品为
例，高脚杯有明成化斗彩缠枝莲花高足瓷杯、明代仿哥窑高足瓷
杯等，低脚杯有明永乐青花缠枝莲压手杯、明成化斗彩高士图杯、
明成化斗彩鸡缸杯、清康熙年间景德镇御器厂制作的十二月花卉
纹套杯。

酒盅是明清以来民间广泛使用的小酒杯。过去，北方人饮用白
酒时普遍使用瓷酒盅。之所以要用小酒盅，主要因为白酒度数较
高，北方人又讲究"巡酒""敬酒"等酒礼，传统的酒盏大杯饮用
白酒一般人承受不起，小酒盅正好适应了这一需求。今天，瓷酒盅
已不多见，多被新兴的玻璃酒盅所取代。

除青铜、漆木、黄金白银、玉石玻璃、陶瓷等材料外，中国历
史上还有一些其他材料制成的酒器，如古人结婚行合卺礼时，新郎
新娘要用匏瓢饮酒。明清时期以至中华人民共和国成立后一段时
期，锡酒壶、锡窜筒（亦称"串筒""余筒""川筒"）等锡制温
酒器曾广为使用。令古人珍惜的还有象牙、犀角制成的饮酒器。考
古发掘出土的著名象牙杯有商代妇好墓出土的夔龙鋬象牙杯、西汉
初年广州南越王赵眜墓出土的金扣象牙卮。犀角杯饮酒，相传可以
清热解毒，历来深受人们追捧。《诗经》中多次提到"兕觥"，如：

"我姑酌彼兕觥，维以不永伤。"（《诗经·周南·卷耳》）"兕觥其
觩，旨酒思柔。"（《诗经·小雅·桑扈》）"兕觥"即是犀角杯。在
考古发掘中，虽无犀角杯实物出土，但传世的明清犀角杯数量较
多，其中尤以北京故宫博物院所藏的最为精美。今天，无论是象
牙，还是犀角，均属于禁止买卖的物品。象牙杯、犀角杯虽美，但
为保护动物，现代人理应割爱，不再制作和使用此类牙角酒器。

参考文献

1. 敖晋编：《齐白石谈艺录》，上海：上海书画出版社，2016年。

2. 陈佩芬：《夏商周青铜器研究》，上海：上海古籍出版社，2002年。

3. 杜金鹏等：《中国古代酒具》，上海：上海文化出版社，1995年。

4. 杜景华：《中国酒文化》，北京：新华出版社，1993年。

5. 范用编：《文人饮食谈》，北京：三联书店，2004年。

6. 高启安：《唐五代敦煌饮食文化研究》，北京：民族出版社，2004年。

7. 龚国强：《与日月同辉——中国古代金银器》，成都：四川教育出版社，1998年。

8. 郭泮溪：《中国饮酒习俗》，西安：陕西人民出版社，2002年。

9. 何满子：《中国酒文化》，上海：上海古籍出版社，2001年。

10. 胡洪琼：《汉字中的酒具》，北京：人民出版社，2018年。

11. 胡伟庆：《溢彩流光——中国古代漆器巡礼》，成都：四川教育出版社，1998年。

12. 金庸：《笑傲江湖》，北京：文化艺术出版社，1998年。

13. 李华瑞：《宋代酒的生产与征榷》，保定：河北大学出版社，1995 年。

14. 梁实秋：《雅舍谈吃》，济南：山东画报出版社，2005 年。

15. 路遥：《平凡的世界》，北京：人民文学出版社，2006 年。

16. 闪修山等：《南阳汉代画像石刻》，上海：上海人民美术出版社，1981 年。

17. 宋镇豪：《中国风俗通史·夏商卷》，上海：上海文艺出版社，2001 年。

18. 唐鲁孙：《大杂烩》，桂林：广西师范大学出版社，2004 年。

19. 唐鲁孙：《天下味》，桂林：广西师范大学出版社，2004 年。

20. 唐鲁孙：《唐鲁孙谈吃》，桂林：广西师范大学出版社，2005 年。

21. 王利华：《中古华北饮食文化的变迁》，北京：中国社会科学出版社，2000 年。

22. 王明德、王子辉：《中国古代饮食》，西安：陕西人民出版社，2002 年。

23. 王赛时：《唐代饮食》，济南：齐鲁书社，2003 年。

24. 吴玉贵：《中国风俗通史·隋唐五代卷》，上海：上海文艺出版社，2001 年。

25. 吴祖光编：《解忧集》，北京：中外文化出版公司，1988 年。

26. 夏晓虹、杨早编：《酒人酒事》，北京：三联书店，2012 年。

27. 萧放：《岁时——传统中国民众的时间生活》，北京：中华书局，2002 年。

28. 徐海荣：《中国饮食史》，北京：华夏出版社，1999 年。

29. 薛麦喜主编：《黄河文化丛书·民食卷》，太原：山西人民出

版社，2001 年。

30. 姚伟钧：《中国传统饮食礼俗研究》，武汉：华中师范大学出版社，1999 年。

31. 姚伟钧、刘朴兵：《清宫饮食养生秘籍》，北京：中国书店，2007 年。

32. 殷伟：《中国酒史演义》，昆明：云南人民出版社，2001 年。

33. 赵文润：《隋唐文化史》，西安：陕西师范大学出版社，1992 年。

34. 周作人原著，钟叔河选编：《知堂谈吃》，济南：山东画报出版社，2005 年。

35. 王赛时：《中国酒史》（插图版），济南：山东画报出版社，2018 年

36. 刘朴兵：《中国民间的灶神与祭灶》，《亚洲研究》总第 59 期（2019 年）。

37. 王恺、张诺然：《南酒与北酒：中国酒在近现代的变迁》，《三联生活周刊》2013 年第 38 期。

38. 王赛时：《古代西域的葡萄酒及其东传》，《中国烹饪研究》1996 年第 4 期。

39. 王赛时：《中国酒的沿绵不绝：谷物与酒曲的变奏》，《三联生活周刊》2013 年第 38 期。

40. 王晓红：《方兴未艾的葡萄酒业》，《中国果菜》2002 年第 2 期。

后　记

　　对酒，我是熟悉的。我生于河南省西华县，这是豫东黄泛区的一个农业县，过去家乡人多嗜酒。河南籍作家李準在"文化大革命"期间下放到我们村，对豫东酒风之烈深有感触，曾写过《酉日说酒》一文专记之。20 世纪 70 年代末、80 年代初，我能记事时，便经常看到父亲和表叔们在家喝酒的情景。他们喝的多是本地产的"凤凰台""伏牛白"和林河大曲等劣质白酒，一块四五毛钱一瓶。那也不便宜！比下酒菜贵多了。

　　家中虽穷，但从不缺酒，这是吾乡的风俗。但在我家，总存不住酒。一瓶酒只要开了瓶，兄弟加姐姐五人，这个抿一嘴，那个喝一口，两三天之内，"瓶酒"就神不知鬼不觉地成酒瓶了。姐姐的酒量不知，兄弟四人中，我的酒量可能最小，这或许因为我是唯一考上大学跳出"农门"的，受家乡酒风熏陶尚浅。

　　受点酒风熏陶也了不得，武汉求学六年，师友同门颇以为我能喝。准确地说，我不是能喝，而是好喝。能喝与好喝是两码事，能喝是量大，好喝是喜爱。酒在口中，不觉其苦辣，反觉其香洌者，吾是其类矣。

　　我从姚伟钧教授治学，专攻中国饮食文化史，师徒合作出版过多部著作，其中论及酒文化者多为我之笔。和姚师及同门一起小酌，亦能率先垂范，喝得酣畅，令姚师、同门开心。姚师知我对中国酒文化有点滴感悟，在他和中国文化史著名专家冯天瑜先生主编"中华文化元素丛书"时，遂向长春出版社推荐我撰写《酒里乾坤》一书。

　　由于担任安阳师范学院历史与文博学院副院长数年，行政琐事缠身，本书的写作断断续续。2019 年 7 月，我辞去行政职务，静心教学与写文，心情大悦。庚子大疫，多地封城，交通断绝，闭门百日，终于完成此书。

　　在本书的写作过程中，我努力做到雅俗共赏，融学术性与通俗性于一体。在引用现代人著作或文章时，均用括号详细注明引文的来源。在引用古籍时，一般只注明作者、书名、卷数或篇名，如果是后人的注疏文字，则详细注明古籍的版本信息和所在页码。引文必有源，不胡说八道，或许这是历史学出身的学者的一贯作风。就这一角度而言，本书是以历史学的视角来看中国酒文化的。历史是过去的文化，文化是历史的延续。从历史的角度来看中国酒文化，方能更大程度地彰显中华文化元素。

　　感谢我的学生祁彤彤、李慧，分别为我收集了本书第四章和第六章的部分资料。

　　感谢长春出版社的张中良主任对我多次督促，并发来《饮中乐趣歌》和强舸《制度环境与治理需要如何塑造中国官场的酒文化——基于县域官员饮酒行为的实证研究》等资料。

刘朴兵
2022 年 5 月 8 日